泡沫灭火技术

秘义行　智会强　王璐　著

中国计划出版社

图书在版编目（CIP）数据

泡沫灭火技术 / 秘义行，智会强，王璐著. -- 北京：
中国计划出版社，2016.9
ISBN 978-7-5182-0472-4

Ⅰ．①泡… Ⅱ．①秘… ②智… ③王… Ⅲ．①泡沫灭
火 Ⅳ．①TU998.1

中国版本图书馆CIP数据核字(2016)第183939号

泡沫灭火技术

秘义行　智会强　王璐　著

中国计划出版社出版
网址：www.jhpress.com
地址：北京市西城区木樨地北里甲 11 号国宏大厦 C 座 3 层
邮政编码：100038　电话：(010) 63906433（发行部）
新华书店北京发行所发行
三河富华印刷包装有限公司印刷

850mm×1168mm　1/32　7.25 印张　192 千字
2016 年 9 月第 1 版　2016 年 9 月第 1 次印刷
印数 1—2000 册

ISBN 978-7-5182-0472-4
定价：30.00 元

前　言

我国是一个石油消费大国，从 1993 年开始进口原油，2003
年我国已超过日本成为仅次于美国的世界第二大石油消费国，
2013 年我国原油进口量 2.82 亿吨，成品油进口量 3958 万吨。
2014 年我国原油进口量 3.08 亿吨，成品油进口量 2997 万吨。
我国石油对外依存度，2000 年仅为 26.7%，2003 年为 34.6%，
2010 年为 53.8%，2012 年上升至 57%，2013 年突破 60%。尽
管从 2014 年开始全球经济振荡下行，需求下降，但我国因生产
量难有提高，对外依存度将长期处于警戒线以上的高位。目前，
我国以石油为主要原材料和燃料的工业部门，其产值约占全国工
业总产值的1/6。

当今世界，各主要大国对石油严重依赖及其对外依存度的居
高不下，导致它们在全球范围为获得和控制石油资源而进行博
弈。在现代国际关系中，为获得和控制油气资源所发生的对抗、
冲突乃至战争从未停止过。随着我国石油对外依存度的提高，石
油安全问题已成为我国对外政治、外交的议题。鉴于我国对国际
石油的依存度不断提高，国家有关部门在进行专题研究的基础上
建立了国家战略石油储备制度，逐步发展和完善符合中国国情的
石油战略储备体系。2007 年 12 月 18 日，经国务院批准，国家
石油储备中心正式成立，决定用 15 年时间，分三期完成石油储
备基地的建设。据悉，国家石油储备项目Ⅰ、Ⅱ期工程已基本投
产，到 2020 年整个项目完成后储量将提升至约 8500 万吨，另外
还有多个石油商业储备库、众多的石油库、炼化企业油品与化工
液体储罐区、油田与长输管线的油品站场等，总储量与储罐数量
之多难以统计。

随着石油工业的蓬勃发展，石油化工技术上的发展主要表现为大型化、综合化，即储罐容量的增大，多种储存方式的出现，因此储罐安全性也日显重要。如石油储备库采用单罐容量 $10 \times 10^4 \, m^3$ 或 $15 \times 10^4 \, m^3$ 的浮顶油罐，其直径分别达到了 80m 和 100m。石油储罐中储存的石油及其产品具有易燃、易爆、易蒸发、易产生静电、受热易膨胀、易流动扩散、能在水上漂浮等特点，发生火灾爆炸的概率高。发生火灾的后果是十分严重的，造成的人员伤亡和财产损失也是巨大的。对此，各个国家对其消防安全都十分重视。主要国家与经济体早已制订了相关消防标准，甚至是国家法律，来规范这一高危行业的生产活动。

从 19 世纪末人们就致力于开发扑灭石油及其液体产品火灾的方法和灭火剂，泡沫灭火技术应运而生，并贯穿整个石油与石油化工业的发展。作者从 1986 年起主要从事泡沫灭火技术的研究与泡沫灭火系统工程技术标准的制修订工作，然耳顺之年渐近，为了薪火相传，携青年才俊将 30 多年的有关科研成果、技术工作经验和使用过的重要技术资料总结成册，同时也为教学、科研、工程设计等人员提供参考。

本书撰写过程中参考了现行国内外相关标准、规范及其他相关资料，内容包括绪论、原油与石脑油的理化特征、钢制立式储罐及其火灾场景、泡沫灭火剂、泡沫系统设备与选择、国内外泡沫灭火与油品燃烧试验摘要、储罐区低倍数泡沫系统设计要点、泡沫－水喷淋系统设计要点、高倍数与中倍数泡沫系统设计要点、泡沫系统施工及验收等方面的内容。书中不妥之处，敬请赐教。

成书过程中，中国石油天然气管道工程有限公司（CPPE）李德全高工提供了相关储罐图，河南省威特消防设备有限公司帮助绘制了有关泡沫比例混合装置与系统图，特此感谢。

作者

2016. 02

目　录

第一章 绪 论

泡沫灭火系统（除引用标准与文献外，以下简称泡沫系统）主要由消防水泵、泡沫灭火剂及其储存装置、泡沫比例混合器（装置）、泡沫产生装置及管道等组成。它是通过泡沫比例混合器（装置）将泡沫灭火剂与水按比例混合成泡沫混合液，再经泡沫产生装置制成泡沫并施放到着火对象上实施灭火的系统。泡沫体积与其混合液体积之比称为泡沫的倍数，按照系统产生泡沫的倍数不同，泡沫系统分为低倍数泡沫系统、中倍数泡沫系统、高倍数泡沫系统。

低倍数泡沫系统的应用可追溯到 20 世纪初，1925 年英国人厄克特发明了干法化学泡沫后，出现了化学泡沫灭火装置并得到了应用，1937 年德国人萨莫研制出了蛋白泡沫灭火剂后，开发了空气泡沫系统并逐步推广应用。随着泡沫灭火剂和泡沫灭火设备及工艺不断发展完善，低倍数泡沫系统作为成熟的灭火技术，被广泛用于生产、加工、储存、运输和使用甲、乙、丙类液体的场所，并早已成为甲、乙、丙类液体储罐区及石油化工装置区等场所的消防主力军。1992 年 1 月原建设部发布了国家标准《低倍数泡沫灭火系统设计规范》GB 50151—92，规范了低倍数泡沫系统的设计应用。

高倍数、中倍数泡沫系统是继低倍数泡沫系统之后发展起来的泡沫灭火技术。20 世纪 50 年代，英国 Buxton 矿山安全研究所首先将高倍数泡沫应用于矿井火灾，他们将约 1000 倍的泡沫压送到较长坑道内进行灭火，取得了一定效果。20 世纪 60 年代瑞典等国在船舶机舱、泵舱进行了高倍数泡沫灭火模拟试验，之后在美、英、西德、日本、丹麦、瑞典、荷兰等国家得到了推广应

1

用。20 世纪 60 年代，我国煤炭业的有关单位进行过多次用高倍数泡沫灭矿井巷道火灾试验研究，取得了一定的经验，并开始使用。20 世纪 80 年代后，我国开发了高倍数泡沫灭火剂和系统设备，1993 年 12 月原建设部发布了国家标准《高倍数、中倍数泡沫灭火系统设计规范》GB 50196—93，高倍数泡沫系统在我国得到了一定的推广。不过高倍数、中倍数泡沫系统在其使用场所中并不是唯一选择，甚至不是最佳选择，致使其应用较少。

2006 年，根据住房和城乡建设部的批复，在 2000 年版《低倍数泡沫灭火系统设计规范》GB 50151 与 2002 年版《高倍数、中倍数泡沫灭火系统设计规范》GB 50196 基础上将这两部国家标准进行了合并修订，并于 2010 年发布了国家标准《泡沫灭火系统设计规范》GB 50151—2010。

为了规范泡沫系统安装、验收、维护管理，1998 年 9 月原建设部发布了《泡沫灭火系统施工及验收规范》GB 50281—98。2006 年 6 月又发布了全面修订后的《泡沫灭火系统施工及验收规范》GB 50281—2006。

目前，国家标准《泡沫灭火系统设计规范》GB 50151—2010 和《泡沫灭火系统施工及验收规范》GB 50281—2006 正在进行整合修订，修订后规范更名为《泡沫灭火系统技术标准》。

自 20 世纪 90 年代起，泡沫灭火技术随石油石化工程建设的突飞猛进得到了广泛使用，并发挥了应有的作用。泡沫系统产品标准和工程建设标准相继发布实施，形成了完整的标准体系，为工程建设保驾护航。

第二章　原油与石脑油的理化特征

第一节　原油的理化特征

一、原油概述

原油来自于油气田及凝析气田,是石油炼化业的初始原料,业内外都对其有一定认识,据此说原油是大家熟知的。然而,由于原油并不是单质物质,各油田或区块原油的组分可能都不同,甚至差异很大,很难对原油给出科学、全面、准确的定义,而且部分原油理化特征也并未搞清楚,所以,揭示原油理化特征的话题还将持续。

一般原油是指从油气田开采出来未经加工炼制的天然石油,主要是由低级动植物在地层和细菌的作用下,经过复杂的化学变化和生物化学变化而形成的。它是一种以烃类混合物为主的黑褐色或暗绿色黏稠液态或半固态物质。原油的颜色是由其胶质、沥青质含量决定的,胶质含量越高、颜色越深、密度越高,颜色越浅、密度越低、其油质越好。原油的成分十分复杂,通常碳元素占 83% ~87%,氢元素占 11% ~14%,尚有含量不等的硫、氧、氮、磷、钒等杂质以及含量通常为 0.02% ~0.055% 的氯化钠、钙、镁等无机盐。另外,原油从油井采出时含一定量的水。为此,油田生产要对采出液进行脱水、脱盐、原油稳定等工艺处理,达到外输标准。

中国主要原油的特点是含蜡多,凝点高,硫含量低,钒含量极少,镍、氮含量属于中等。仅新疆油田及东部油田的个别地区生产一部分低凝原油。中国大庆、胜利、任丘的原油中汽油馏分较少，而渣油约占三分之一以上。含蜡原油适宜生产高质量的灯用煤油、柴油；重质馏分油是良好的催化裂化原料。从大庆原油中，可生产高黏度指数的润滑油基础油，但含蜡原油在生产低凝产品、优质道路沥青方面比较困难。

二、原油分类

原油的烃类组分按分子结构可分为链烷烃、环烷烃、芳香烃三类。虽然原油的基本元素类似，但从地下开采的天然原油，在不同产区和不同地层，其外观和物理性质有很大的差别。早期人们根据原油蒸馏残渣的性状，把原油分为石蜡基、沥青基（又称环烷基）、混合基（又称中间基）三类。随着对原油性质及组成的进一步认识，提出了许多分类法。在各种分类法中，美国矿务局提出的分类法比较简便。该法以美国石油学会（American Petroleum Institute）制定的 API 重度（American Petroleum Institute Gravity）作为指标，按原油中 250~275℃ 和 395~425℃ 两个特定轻、重关键馏分进行分类，如果两个特定关键馏分都属石蜡基，则原油属石蜡基；如果轻馏分属石蜡基，重馏分属中间基，则原油属石蜡 – 中间基；据此将原油分为石蜡基、石蜡 – 中间基、中间 – 石蜡基、中间基、中间 – 环烷基、环烷 – 中间基、环烷基、石蜡 – 环烷基及环烷 – 石蜡基 9 类。实际上，后两类原油极为罕见，多数原油属于其余七类。由于原油组成复杂，同一类别的原油在性质上仍可能有很大差别。因此，迄今尚未有统一的标准分类法。

原油中含无机硫与有机硫，依据原油中所含硫（硫化物或单质硫分）的百分数，通常将含硫量高于 2.0% 的原油称为高硫原油，低于 0.5% 的称为低硫原油，介于 0.5%~2.0% 之间的称为含硫原油。硫在原油馏分中的分布一般是随着原油馏分馏程的升高而增加，大部分硫均集中在重馏分和渣油中。硫在原油中的存在形态已经确定的有：元素硫、硫化氢、硫醇、硫醚、二硫化物、噻吩等类型的含硫化合物，此外尚有少量其他类型的含硫化合物。这些含硫化合物按其性质分为活性硫化物和非活性硫化物两大类。活性硫化物主要包括元素硫、硫化氢和硫醇等，它们的共同特点是对金属设备有较强的腐蚀作用；非活性硫化物主要包括硫醚、二硫化物和噻吩等对金属设备无腐蚀作用的硫化物，经受热分解后一些非活性硫化物将会转变成活性硫化物。原油中的硫化物除了元素硫和硫化氢外，其余均以有机硫化物的形式存在于原油中，原油中硫醇（RSH）的含量一般不多而且多存在于轻馏分中，在轻馏分中硫醇硫含量往往占其总硫含量的40%～50%。随着馏分馏程升高，硫醇含量急剧降低，在350℃以上的高沸点馏分中硫醇的含量极少。低分子的甲硫醇（CH_3SH）、乙硫醇（CH_3CH_2SH）等具有极为强烈的特殊臭味，空气中含甲硫醇浓度为 $2.2×10^{-12}g/m^3$ 时，人们的嗅觉可以感觉到。硫醇对热不稳定，低分子硫醇如丙硫醇在300℃下即分解生成硫醚和硫化氢，当温度高于400℃时，硫醇分解生成相应的烯烃和硫化氢。

目前我国进口的原油多半为高硫原油。高硫原油腐蚀性强，给储存、加工过程带来高风险。必须指出，随着我国大型储罐陆续达到使用寿命，相关单位应特别警惕因腐蚀使得大型储罐罐壁底部承压能力降低而导致罐破、堤溃的重大恶性事件发生。

三、凝析油

凝析油主要是从凝析气藏地面开采后凝析出来的液相烃类等混合物。凝析气藏位于地下数千米深的岩石中，其中的原油在高温高压条件下溶解在天然气中以气相存在，采到地面在大气压下温度降低后析出液态的油，凝析气藏开发得到的主要产品是凝析油和天然气。凝析油与一般原油相比具有密度低、黏度小、颜色浅（黄色或无色）、轻馏分多、一般正烷烃大于87%、环烷烃＋芳烃小于13%、无蜡等特点，其主要组分为 C5 至 C10＋烃类混合物，并含有二氧化硫、噻吩类、硫醇类、硫醚类和多硫化物等杂质，其馏分多在 20～200℃之间。

目前我国凝析油主要产自塔里木油田。1998 年 1 月，中国石油塔里木油田分公司在新疆阿克苏克孜尔乡境内发现天然气储量超千亿立方米的克拉 2 凝析气田（有说煤成气的）后，陆续开发了牙哈、桑吉、英买力等凝析气田。2001 年，在阿克苏地区库车县和巴音郭楞蒙古自治州轮台县境内，又发现迪那 2 凝析气田，探明天然气地质储量 1752 亿 m^3，凝析油 1338 万 t，是我国目前发现的最大凝析气田，2009 年 6 月完工并开始向西气东输工程年供气 50 亿 m^3、年产凝析油 56 万 t。

塔里木油田的凝析油基本采用铝浮盘内浮顶储罐储存。2005 年，牙哈装车站的一个 10000m^3 内浮顶储罐曾发生过爆炸火灾，储罐上安装的 4 只横式泡沫产生器被拉断两只并失去作用，另一只被拉断尚能发挥一定作用，靠一好一残的两只横式泡沫产生器及水炮大水流覆盖罐顶，经 1 小时 20 分钟扑救灭火，但储罐报废。

2006 年，塔里木油田为提高产品附加值，在牙哈区块将凝析油中的轻组分（C8 及以下）分离出供石油化工企业作化工原料。但带来如何储存与泡沫系统设计问题，为此专门在北京召开了专家论证会，作者应邀参加，并提出储存首选低压罐，其次是钢制单、双盘内浮顶储罐，泡沫系统应进行试验验证。业主与设计方接受了钢制单盘内浮顶储罐储存，承诺开展泡沫灭火试验。但还是作者通过塔里木油田其他部门于 2007 年 12 月 20 日～21 日在塔里木油田消防一大队训练场开展泡沫灭火试验，试验表明空气泡沫能控火，不能彻底灭火，后面章节有灭火试验介绍。

四、原油 API 重度的意义

为判别原油品质好坏，美国石油学会制订了用以表示原油及其产品密度的一种量度，即 API 重度，用以对原油进行分类，水的 API 重度定义为 10，15.6℃时 API 重度与相对密度（与水比）的关系为：

API 重度 = （141.5/相对密度） -131.5 　　（2-1）

API 重度越大，相对密度越小。轻质、中质、重质原油对应的 API 重度分别为：高于 31.1、22.3 ~ 31.1、低于 22.3，API 重度与相对密度基本关系见表 2-1。国际上把 API 重度作为决定原油价格的主要标准之一。

表 2-1　原油 API 重度与相对密度换算表（15.6℃时）

API 重度	相对密度	类型
0	1.076	超重原油
10	1.000	
15	0.9659	重质原油
20	0.940	
26	0.8984	中质原油
30	0.8762	
36	0.8448	轻质原油
40	0.8251	
46	0.7972	
50	0.7796	
60	0.7389	

从炼油工艺方面，API 重度介于 40 ~ 45 之间的原油最容易加工，油制品也最多（采收率最高），低于这个重度，会产出更多杂质。但是 API 重度高于 45 的原油由于分子链过短，也不利于炼油加工。

总体而言，油比水轻，世界上绝大多数油田或区块生产的原油 API 重度在 10 ~ 70 之间。但也有例外，某些油田或区块生产的原油 API 重度低于 10（比水重），如加拿大 Alberta 省从油砂中生产的沥青油 API 重度就是 8，我国称之为稠油或超稠油。目前我国已探明的稠油油藏储量大约 80 亿桶，已进行开采的有辽河、胜利、中原、吉林、新疆克拉玛依、新兴石油公司西北局塔河和青海涩北等油田，累计年产量超过千万吨。我国辽河油田生产部分稠油的有关物性参数见表2-2。

表2-2　辽河油田部分稠油有关物性一览表

原油采样点	油温 (℃)	含水量 (ω%)	$\rho_{20℃}$ (g/cm³)	$\mu_{50℃}$ (mPa·s)	闭口闪点 (℃)	初馏点 (℃)
2号进站原油	82	60~80	0.9970	45470	126	234
特油4836井	79	50~80	0.9772	45350	101	185
特油5048井	77	50~70	0.9805	53250	122	222
特油57-37c井	84	40~70	0.9818	56200	120	208
特油64-18井	84	40~60	0.9922	49880	121	210
特油四区4731井	79	40~80	1.0101	64890	144	188
特油四区4834井	86	40~80	1.0027	63920	154	220
特油四区4638井	82	40~80	1.0063	58010	150	190
特油四区5531井	80	50~80	1.0097	124900	136	240
特油四区5329井	88	40~70	1.0072	117600	152	211
特油三区6527井	84	40~70	1.0171	143100	150	235
特油四区5234井	81	50~80	1.0041	59140	128	220
特油二区6410井	83	40~70	1.0015	134200	126	225
特油四区混合油	85	40~70	0.9922	64480	136	225
特油二区6355井	87	50~80	0.9936	283100	146	227
特油二区6759井	77	50~80	1.0005	116800	134	252
特油二区44168井	81	50~80	0.9938	184600	134	246
特油二区46162井	86	50~80	1.0055	105700	146	265
特油一区6785井	85	50~70	1.0051	298200	150	253
特油一区7062井	81	50~70	1.0044	612200	136	178
特油一区6969井	87	50~70	0.9968	306100	154	236
特油一区7171井	79	50~70	1.0056	152700	156	268

原油采样点	油温（℃）	含水量（ω%）	$\rho_{20℃}$（g/cm³）	$\mu_{50℃}$（mPa·s）	闭口闪点（℃）	初馏点（℃）
特油一区 6870 井	88	50～70	1.0054	303800	146	260
特油一区 35744 井	78	50～70	1.0010	258000	150	232
特油一区 36B846 井	88	50～80	0.9980	170200	146	244
特油一区 35A844 井	89	50～80	1.0544	523500	146	251
特油一区 35A845 井	91	50～80	1.0118	288500	150	225
特油一区 6783 井	82	50～80	1.0123	467800	136	213
杜 32－40－50 井	85	30～60	1.0007	33740	137	240
杜 32－68－16 井	84	50～70	1.0017	77120	131	208
杜 32－58－32 井	82	50～70	1.0037	87860	143	210
杜 32－66－16 井	86	50～70	1.0054	92790	148	233
杜 32－54－32 井	79	50～70	0.9943	68600	152	245
杜 32 块 10 小站	83	30～60	1.0027	53050	160	195
杜 32 块 3951 井	80	20～30	1.0058	23570	144	230
杜 32 块 4551 井	81	40～60	1.0002	31370	148	200
杜 32 块 4256 井	79	20～40	0.9987	87750	156	200
杜 32 块三、四区混合油	79	60～80	0.9983	70000	160	206
2 号进站原油	78	60～80	0.9970	45470	126	234

注：油品温度依取样口温度计实测，联合站油样含水量依站上化验室测定数据为准，单井含水量依其日常范围波动取值。

五、原油火灾危险性分类

从《建筑设计防火规范》TJ 16—74 起，参考当时汽、煤、柴油的闪点将可燃液体定义为甲、乙、丙类液体，对应的闪点分别为小于 28℃、28～60℃、大于或等于 60℃。然而，在其条文中对甲、乙类液体并无区别要求，并且这一规定一直延续至今。为了规避国家标准《建筑设计防火规范》GB 50016 对甲、乙类液体的不合理的划分，1992 年发布国家标准《石油化工企业设计防火规范》GB 50160—92 在不违背其规定的基础上，将甲、乙、丙类液体进行了细分，现摘国家标准《石油化工企业设计防火规范》GB 50160—2008 第 3.0.2 条规定：液化烃、可燃液体的火灾危险性分类应按表 3.0.2 分类，并应符合下列规定：

    1   操作温度超过其闪点的乙类液体应视为甲$_B$类液体；

    2   操作温度超过其闪点的丙$_A$类液体应视为乙$_A$类液体；

    3   操作温度超过其闪点的丙$_B$类液体应视为乙$_B$类液体；操作温度超过其沸点的丙$_B$类液体应视为乙$_A$类液体。

表 3.0.2　液化烃、可燃液体的火灾危险性分类

名称	类别		特　征
液化烃	甲	A	15℃时的蒸气压力 >0.1MPa 的烃类液体及其他类似的液体
可燃液体		B	甲$_A$类以外，闪点 <28℃
	乙	A	闪点 ≥28℃至≤45℃
		B	闪点 >45℃至 <60℃
	丙	A	闪点 ≥60℃至≤120℃
		B	闪点 >120℃

该规定被《石油库设计规范》GB 50074—2014 和《石油天然气工程设计防火规范》GB 50183—2015 整条引用。不同的是，《石油天然气工程设计防火规范》GB 50183—2015 将甲$_A$类定义为 37.8℃时蒸气压大于 200kPa 的液态烃。需要说明两点，一是国内外对石油产品的饱和蒸气压测定均采用雷德法，其测定温度为 37.8℃（100℉），所以《石油化工企业设计防火规范》GB 50160、《石油库设计规范》GB 50074 对甲$_A$类的定义不尽合理，详见《石油天然气工程设计防火规范》GB 50183 相关条文说明。二是

包括稠油在内，原油在其井口与地面工程中不会出现油品超过其沸点的工况，《石油天然气工程设计防火规范》GB 50183、《石油库设计规范》GB 50074 引用《石油化工企业设计防火规范》GB 50160 的规定就南辕北辙了。

在国家标准《石油天然气工程设计防火规范》GB 50183—2004 发布实施前，相关国家标准将原油划为甲、乙类。1993 年以后，随着国内稠油油田的不断开发，辽河油田年产稠油 800 多万吨，胜利油田与新疆克拉玛依油田年产稠油均超 200 万吨，同时认识到稠油火灾危险性与一般原油有明显的区别，具体表现为闪点高、初馏点高、沥青胶质含量高，参见表 2-2，其轻组分远比一般原油少，甚至没有轻组分。国家标准《石油天然气工程设计防火规范》GB 50183—2004 编制组通过中油辽河工程有限公司、新疆时代石油工程有限公司、胜利油田设计院等有针对性的大量现场取样分析，并依据试验研究和技术研讨规定"在原油储运系统中，闪点等于或大于 60℃、初馏点等于或大于 180℃的原油，宜划为丙类"。对于一般原油的火灾危险性应视其闪点和操作温度等而定。

美国消防协会标准 NFPA30《易燃与可燃液体规范》，把原油定义为闪点低于 65.6℃且没有经过炼厂处理的烃类混合物。美国石油学会标准 API RP500《石油设施电气装置场所分类推荐作法》，在谈到原油火灾危险性时指出，由于原油是多种烃的混合物，其组分变化范围广，因而不能对原油作具体分类。由上述资料可以看出，稠油的火灾危险性分类问题比较复杂。我国近几年开展稠油火灾危险性研究，作了大量的测试和技术研讨，为稠油火灾危险性分类提供了技术依据。但由于研究时间还较短，有些问题，例如稠油掺稀油后的火灾危险性，还需加深认识和积累实践经验。所以对于稠油的火灾危险性分类，除闭口闪点作为主要指标外，增加初馏点作为辅助指标，具体指标是参照柴油的初馏点确定的。另外，在成书过程中，作者查到癸烷的沸点、闪点分别为 174.1℃、46℃，十一烷的沸点、闪点分别为 196℃、60℃，这也应作为对稠油火灾危险性定义的理论依据。

六、原油储罐火灾沸溢与热波速度

除凝析油外，一般原油通常含有大量 C18 及以上的成分，在储罐内燃烧时，表层原油接收的火焰辐射与对流方式所传递的热量，一部分用以加热油品并使之气化蒸发，另一部分消耗于加热油层，消耗于油层中的热量逐渐积聚且向油品内部传递。随着燃烧的持续，表层原油中的轻组分不断气化蒸发，重组分比例与黏度增大，油品温度升高并下沉，进而与下一层油品进行换热。液面以下油品被加热而形成高温区，并逐渐加热下一层冷油，这种热量沿油品深度逐渐向内部传递的特性叫作热波特性。这种热波特性是导致原油储罐火灾中常发生"沸溢"事故的内在原因。而这种热量沿油品深度向内部传递的速度，即热波速度是何时发生沸溢的关键要素。

原油储罐火灾的热波问题本是 20 世纪 80 年代前后的热门话题，但在我国尚有不同认识，特别是近几年的一些学术刊物登载的相关学术论文提出了一些相左的观点。为此，本书以相关试验研究为依据探究原油储罐火灾的热波现象，力求尽可能揭示真实规律。

（一）热波速度的影响要素

原油储罐火灾的热波速度是一个十分复杂的参数，影响和制约因素较多，很难在现有理论层面上给出精确函数关系式。英国、苏联、日本等开展过试验研究的国家，基本是通过试验研究得出热波速度范围，尚未发现在其文献中深入详细阐述热波速度与主要影响要素的关系。因原油的理化性能不仅与产地有关，且与处理阶段和处理程度有关，所以热波速度往往有较大差异。为此，深入探讨热波速度与主要影响要素的关系就显得十分必要。

从理论层面上抽象地讲，热波速度主要影响要素有原油表面接受的火焰所传递的热量，油品蒸发带走的热量，油品的热容与热传导系数等。

众所周知，液体燃料的燃烧过程，实际上是燃料的蒸气在燃烧，燃烧产物为气体，在液面上呈湍流扩散火焰形态。根据传热学理论，火焰以对流方式向原油表面传递的热量与辐射传递的热量相比微不足道，所以原油表面接受的热量基本为火焰的辐射热。为了简化问题，假定油罐和开口均为圆形，鉴于油罐高度通常远小于直径，可忽略干壁高度 h 的作用。液面接受的最大辐射热可表示为：

$$Q_g = \xi_{st} C_O \left[\left(\frac{T_f}{100} \right)^4 - \left(\frac{T_s}{100} \right)^4 \right] \cdot H_{1,2} \qquad (2-2)$$

式中：Q_g——液面接受的最大火焰辐射热；

　　　ξ_{st}——系统黑度换算系数；

　　　C_O——黑体绝对辐射率；

　　　T_f——火焰绝对温度；

　　　T_s——液面绝对温度；

　　　$H_{1,2}$——火焰和液面辐射相对面积。

黑度换算系数则可用下式表示：

$$\xi_{st} = \varepsilon_f \cdot \varepsilon_s \qquad (2-3)$$

式中：ε_f——火焰黑度；

　　　ε_s——液体黑度。

当火焰范围超过直径 1m 时，火焰黑度接近 1。通常火焰温度在 1000℃ 以上，而原油表面温度基本不超过 300℃，忽略 $(T_s/100)^4$ 项，误差不会超过 3% 。$H_{1,2}$ 的大小取决于火焰与液体表面的几何关系，经简化积分得：

$$H_{1,2} = S \left[\sqrt{\left(\frac{D}{2d} + \frac{1}{2} \right)^2 + \left(\frac{h}{D} \right)^2} - \sqrt{\left(\frac{D}{2d} - \frac{1}{2} \right)^2 + \left(\frac{h}{D} \right)^2} \right]$$

$$(2-4)$$

式中：D——油罐直径；

13

d——开口直径；

S——开口面积；

h——干壁高度。

由式（2-2）~式（2-4）可见，油面接受火焰所传递的热量主要取决于火焰温度、液体黑度、开口大小及液面高度。而火焰温度主要与原油燃烧剧烈程度有关，对于稳定原油这取决于其轻组分含量。

油品蒸发带走的热量主要取决于其燃烧速度，而燃烧速度也取决于油品轻组分含量、油罐开口大小及液面高度。油品热容与热传导系数主要取决于油品密度与含水量，而密度又与油品轻组分含量有关。

综上具体而言，热波速度主要影响要素为：油品轻组分含量与含水量、液面高度及油罐开口大小。国内外试验研究也证实了这一点。

（二）原油组分对热波速度的影响

图2-1是典型敞口原油储罐燃烧一定时间后油层温度分布曲线。由于水的沸点通常为100℃，温度高于100℃的油层定义为高温层。高温层厚度与燃烧时间、热波速度成正比。100℃油层界面称为热波头，高温层中温度处于稳定状态的区域叫作稳定

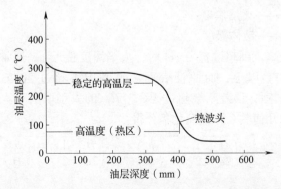

图2-1 典型敞口原油储罐燃烧时油层温度分布曲线

14

高温层。表2-3与图2-2是公安部天津消防研究所试验研究数据和试验曲线。试验条件为:

表2-3　不同组分原油 φ 0.8m 储罐火灾热波特性试验数据

序号	190℃下馏分 (%)	雷氏蒸气压 (mm-Hg)	热波速度 (mm/min)	稳定高温层温度 (℃)
1	16.67	67.3	7.4	
2	14.11	72.2	6.7	200
3	10.95	63.8	6.6	
4	8.52	50.9	5.4	
5	7.17	33.4	5.1	260
6	4.96	42.6	4.7	230
7	4.89	27.3	4.7	258
8	3.61	30.0	4.3	280
9	2.61	20.1	3.9	285
10	2.25	11.5	2.3	340
11	1.59	15.2	1.9	370

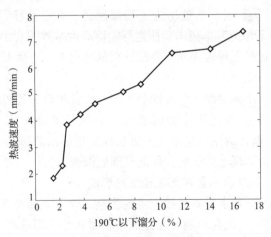

图2-2　190℃以下馏分与热波速度关系试验曲线

15

燃烧试验罐：直径 0.8m、高 1.5m、初始液位高度 1.4m；

基础原油：天津大港油田原油，相对密度 0.9129、初馏点84℃、190℃以下馏出体积量5%，油温34.5℃、含水量≤0.1%；

气象：气温29℃、风速3m/s。

从表2-3可以看出，随着原油中轻组分含量的逐渐减少，热波速度逐渐减缓，而稳定高温层温度则有逐渐升高的趋势。

除少数轻质原油外，一般原油的190℃以下馏分通常不会超过20%，所以根据试验可以得出"原油轻组分含量愈高，储罐火灾时热波速度愈快，而稳定高温层温度愈低"的结论。这是由于原油中含的轻组分愈多，燃烧愈剧烈，火焰向油面辐射的热量多，油品内部传热也就显著。另外，原油中轻组分愈多，原油的黏度也就愈低，介质热传导阻力亦愈小，热波速度愈快。因热量易传递，油层积蓄热量相应减少，稳定高温层温度就降低。

需要说明，将原油中190℃以下馏分作为参量，只是为了便于研究，并不意味着不含上述馏分的原油无热波特性。依据试验研究，该馏分含量很少或不含该馏分的原油，尽管热波速度很低，但稳定高温层温度很高，如含量1.59%时，其温度高达370℃。目前我国一些油田为了局部利益，在原油稳定处理时，将C11以下组分基本拔出，使之外输商品油基本不含190℃以下馏分。在这种原油着火而未及时扑灭的情况下，后续灭火工作将面临很大风险。

另外，不同油品不但轻馏分不同，而且重组分及杂质也有差异，其热波速度也往往会有差异。而试验油品中大于6%的190℃以下馏分的原油是用人工方法在大港原油的基础上配置而成的，无法体现上述影响，因此只能近似表达。

（三）原油含水量对热波速度的影响

关于原油含水量对热波速度的影响，学术界尚有不同认识。如有人认为，"乳化原油，在热波下移过程中，部分或全部乳化水将被汽化。水的汽化也会消耗来自火焰辐射的热量"，因此含水量愈多，热波速度会愈小。然而，试验研究得出了与上述相左的结论。表2-4是公安部天津消防研究所的试验研究数据。试验条件为：

燃烧试验罐：直径0.8m、高1.5m、液位高度1.15m；

试验原油：190℃以下馏分3.2%。

表2-4　不同含水量大港原油热波特性试验数据

含水量（%）	燃烧状况	热波速度（mm/min）	稳定高温层温度（℃）	沸溢时间（min）
0.35	稳定	4.36	225	—
0.9	稳定	5.06	225	燃烧110min无沸溢
1.0	稳定	5.13	225	燃烧110min无沸溢
1.2	稳定	5.23	240	燃烧73min无沸溢
2.0	稳定	5.60	225	93
4.0	稳定	5.74	225	60
6.0	不稳定	(3.89)	215	85
8.0	不稳定	(4.38)	200	71

试验表明，含水量不超过4%时，燃烧比较稳定，热波速度随原油含水量增多而加快，其中含水2%以下时水分对热波速度的影响更大。这是由于原油含水增多使黏度降低，油品内部传热阻力减小，并且水蒸气对油品上层的搅拌作用越明显，热量越容易传递。但当原油含水量大于4%时，点燃后在油面迅速形成一层油泡沫，使燃烧不稳定，而使热波速率变小，且没有规律。当含水大于6%时，欲将原油点燃已经相当困难，点燃后燃烧亦不稳定。

试验原油中的水分是后添加的，由于乳化混合不一定十分均匀彻底，可能与实际情况略有差异，所以以含水量对热波速度正负影响的分界点是否为4%有待进一步研究，但其趋势是毋庸置疑的。

（四）液面高度对热波速度的影响

液体燃料在储罐内并不是连续稳定的燃烧，其燃烧过程中有喘息现象，液面距罐口距离越大，喘息现象越明显。这是因为罐内油位越高，空气供给越充分，燃烧也就越充分；反之，空气供给不充分，则燃烧也就不充分。由式（2－4）可见，液面高低还影响液面接受火焰的热量传递，所以液面高低对热波速度有一定的影响。低液位时，产生的燃烧热及向液面辐射的热量都比高液位时小，因此，热波速度及稳定高温层温度亦较低。当原油发生明显的体积膨胀时，由于罐内液位较低，因而罐内容许原油膨胀的空间较大，与高液位相比较，低液位原油储罐火灾发生沸溢或溅溢事故的可能性要小些。

表2－5是公安部天津消防研究所的试验研究数据。试验罐直径0.8m、高1.5m，试验原油190℃以下馏分3.2%。

表2－5　不同液位原油储罐燃烧时的热波特性数据

序号	含水量（%）	油面距罐顶距离（mm）	燃烧时间（min）	热波速度（mm/min）	高温层厚度（mm）	现象
1	2	145	93	5.94	555	沸溢
2	3.2	580	88	5.06	400	未沸溢
3	2	710	140	5.0	790	未沸溢

试验证明，随着液位的下降，热波速度将减小。同时也表明，液位越高，罐内容许原油膨胀的空间越小，发生沸溢事故可能性就越大。

（五）油罐开口对热波速度的影响

油罐开口除对油品表面接受火焰热量产生影响外，对空气供给也有影响，所以对燃烧速度与热波速度将产生较大影响。由式（2－4）可见，当开口小到一定程度时，可能形不成热波。

1961～1963年，苏联中央防火科学研究所和古比雪夫省消防管理局等联合进行了钢筋混凝土油罐燃烧试验。燃烧的时间自

30 分钟至 6 小时不等。表 2 – 6 是不同开口油罐油品燃烧速度的试验数据。由表 2 – 6 可见，油罐开口的大小对燃烧速度有非常明显的影响。同时试验表明，储罐开口小于储罐横截面积的10% 时，形不成热波，即着火后不会发生沸溢。

表 2 – 6　不同开口油罐油品燃烧速度

燃料	油罐液面面积 （m²）	顶盖开口面积 （m²）	油品燃烧速度 （mm/min）
汽油	22	0.2	0.06
		1.32	0.32
		2.78	0.77
		5.31	1.7
		22	6.9
原油	650	540	2
	1944	1944	2

（六）　总结

由于一般原油在储罐内燃烧具有热波特性，且燃烧一定时间后产生高温层，所以其沸溢分为稳定高温层导致的含水原油膨胀沸溢和热波引发的罐底水汽化沸溢，且后者往往形成罐内原油向外喷溅。这两种形式的沸溢都可通过原油热波速度与燃烧线速度进行估算，以避免造成重大人员伤亡和财产损失。另外，从原油 API 重度或相对密度角度，应该存在是否沸溢的界限，但现有研究不足以回答这一问题。不过可以肯定地讲，汽、煤、柴油及单质可燃液体是不会发生沸溢的。

第二节　石脑油的理化特征

石脑油通常是常压蒸馏得到的一种轻质油品，也有将加氢裂化分馏出轻质油品作石脑油使用的。在石油二次加工技术诞生前，其添加所需添加剂（如四乙基铅）后直接作为汽油销售使用了，直到现在还有直馏汽油之称。随着石油二次加工技术的诞生与发展，炼油与化工已经一体化，石油产品遍及我们生活的方方面面，石脑油已成为裂解乙烯和重整芳烃的重要原料来源，少有作燃料使用了。目前市场上销售的车用汽油基本为催化裂化、延迟焦化、加氢裂化等二次石油加工技术的产物。

一、石脑油技术指标与组分

中石化与中石油分别制订了各自的企业标准，略去了试验方法与注解，现将中石油企业标准《石脑油》Q/SY 26—2009 中规定的相关乙烯装置和重整装置用石脑油技术指标归纳成表 2 – 7，同时对照中石化企业标准《石脑油技术要求》Q/SH R005—2000，后者规定的密度与终馏点分别为 650～750 kg/m³、≤205℃，略有差异。两标准规定很原则，不少技术指标见"报告"。

表 2 – 7　《石脑油》Q/SY 26—2009 规定的石脑油技术指标

项　目		技术指标			
		裂解油			重整油
		65 号	60 号	55 号	
颜色，赛波特号		≥ + 20			
密度（20℃）（kg/m³）		630～750			
馏程	初馏点（℃）	报告			
	50% 馏出温度（℃）	报告			
	终馏点（℃）	≤200			
族组成	烷烃含量（质量百分数）（%）	≥65	≥60	≥55	报告
	正构烷烃含量（质量百分数）（%）	≥30	—		无规定
	环烷烃含量（质量百分数）（%）	报告			≥20
	烯烃含量（质量百分数）（%）	≤2.0			
	芳烃含量（质量百分数）（%）	报告			

项　　目	技　术　指　标			
	裂解油			重整油
	65 号	60 号	55 号	
硫含量（质量百分数）（%）	≤0.05			
砷含量（μg/kg）	报告			
铅含量（μg/kg）	≤100			
机械杂质及水分	无			
外观	无色透明液体			

C4 及以上的烷烃都有同分异构体，且随着碳原子数的增多异构体数量呈近似于几何级数增多，同分异构体间的理化性质也有一定的差异，在同分异构体中分支程度越高沸点（bp）越低；除少量高度对称的支链烷烃的熔点（mp）异常高外，一般支链烷烃的熔点也比相应的直链烷烃低。查阅相关文献得知，C5 烷烃的沸点在 9.5～36.1℃ 之间，密度为 0.627g/cm³，C6 烷烃及环烷烃的沸点在 60.27～80.74℃ 之间；C7 烷烃和环烷烃沸点在 90.05～103.4℃ 之间；C8 烷烃和环烷烃的沸点在 99.24～131.78℃ 之间。根据直链烷烃熔点和沸点与分子中碳原子数关系曲线（图 2 - 3），

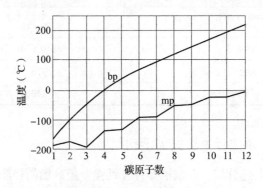

图 2 - 3　正烷烃熔点和沸点与分子中碳原子数关系

中石化企业标准《石脑油技术要求》Q/SH R005—2000 规定的石脑油的全组分应为 C5～C12，其中 C5 不包括新戊烷、C12 为带支链烷烃；而中石油企业标准《石脑油》Q/SY 26—2009 中规定的石脑油的全组分应为 C5～C11。不过我国大多炼油厂塔顶线石脑油馏分只切到 165℃。

石脑油的馏程依需要而定。裂解乙烯对石脑油适应馏分可以宽些，进料可为 35～205℃馏分，在分子结构上最好是正烷烃与异构链烷烃，见表 2-8。用于生产芳烃时，应采用芳潜值高的石脑油，组分依据目标产品而定，如苯、甲苯、二甲苯、三甲苯都要，进料为 60～165℃馏分，即 C6～C9；如目标产品为二甲苯，进料应为 C7～C8 或 C7～C9。用作催化重整生产高辛烷值汽油组分时，进料一般为 80～180℃馏分。

表 2-8　镇海炼化裂解乙烯石脑油馏分

馏程 ASTM D86	
初馏点（℃）	35±10
10%（℃）	70±10
30%（℃）	110±10
50%（℃）	135±10
70%（℃）	160±10
90%（℃）	180±10
终馏点（℃）	210±10
密度（kg/m³）	736
平均分子量	110

二、石脑油火灾危险性

通过上述分析，石脑油是挥发性强、极易燃的轻质油品，闪点通常低于 -20℃，最小点火能量约为 0.2mJ，属甲类液体。由于石脑油在常温下具有较高的蒸气压，挥发性强，应当采用钢制单、双盘内浮顶储罐储存。当采用浮筒式内浮顶储罐储存时，由于浮盘并不与油品表面直接接触，浮盘与油品表面间存在气相空间，浮盘易损且密封不良，爆炸着火概率较大。

在实际工程中，不管是热裂解（800℃以上）乙烯还是重整芳烃，除涉及石脑油外，也存在加工后的液体甩尾物料。裂解乙烯，被裂解成 C4 及以下的气体物料的质量占比最高约 70%，尚有近 30% 烯烃含量较高的粗汽油甩尾，其甩尾汽油储罐能否采用空气泡沫灭火需进行具体组分分析。重整芳烃涉及物料比裂解乙烯复杂，如进料 C7~C8 或 C7~C9 的二甲苯目标产品的加工，首先切除 C5~C6；另外，其轻重整液、抽余油储罐能否采用空气泡沫彻底灭火，2015 年 4 月 6 日发生在福建漳州古雷镇的腾龙芳烃火灾案例值得业界思考。下面通过一起发生在日本的火灾案例进行剖析，值得借鉴的是，日本对大多火灾案例的扑救记录都很详细，并进行深入细致的分析与经验教训总结，外人也可查阅。

2003 年 9 月 28 日，日本出光兴产有限公司北海道炼油厂 30063 号外浮顶罐发生火灾，该罐直径 42.7m、高 24.4m、容量 32779m³，着火时储 26000m³ 馏程 31.5~78.5℃ 轻石脑油，15℃ 时液体密度 0.6562kg/L。由于地震影响，浮顶在火灾的前一天沉没，形成全液面火灾。着火后，立即启动固定式泡沫系统和消防冷却水系统，同时向相邻油罐喷水冷却。但由于泡沫系统是按设防密封圈火灾设计的，无法控制全液面火灾。救援过程中，先后投入了 14 台高喷车、3 台消防炮（每台流量 5700 L/min），耗用 3% 型泡沫液 470m³，并进行了有限的倒罐作业，也曾两度控火，但最终在消防队员 44 小时艰苦干预下，才于 30 日 6：55 燃尽而灭，罐体彻底坍塌成底座，参见图 2-4。庆幸大火没有蔓延到其他油罐。遗憾的是未从此次火灾中总结出多少有价值的经验教训，反倒是归咎于风大。虽说平均风速 7~8m/s、最大风速

11.2m/s，的确对灭火救援构成巨大影响，但更重要的原因并未揭示。事后购置了 505 L/s 的大流量消防炮。

图 2-4　2003 年日本北海道苫小牧市油罐火灾

　　最后指出，石脑油与汽油一样，介电常数通常低于 10，电阻率通常大于 $10^6\Omega\cdot cm$，其液面扰动就可能产生静电而引发火灾。因此，应特别注意：在输油、卸油过程中，油品流动时与管道、罐壁摩擦产生静电荷；油品经过油泵、过滤器等剧烈搅动或形成湍流产生大量的静电荷；喷溅式卸油时液滴与空气等摩擦产生静电荷。

第三章 钢制立式储罐及其火灾场景

第一节 钢制立式储罐的结构形式

在世界范围内，钢制立式储罐早已是低倍数泡沫系统的主要应用场所。我国20世纪八九十年代，原石油部销售公司和后来原商业部的石油库中曾使用过基于氟蛋白泡沫的中倍数泡沫系统，且当时仅有武汉市某一家企业生产中倍数泡沫系统设备、安徽安庆市某一家企业生产泡沫灭火药剂。为了真实反映客观情况，作者在相关产品质量监督检测中心进行了相关查询，仅查到20世纪90年代武汉市某企业中倍数泡沫产生器的型式检验记录。随着2012年泡沫系统部件实施3C认证，两家企业均未进行产品认证。目前仅有俄罗斯还在立式油储罐上安装基于合成泡沫灭火剂的中倍数泡沫系统。作者依多年试验研究与经验认为，发泡倍数6~8的成膜类或添加氟碳表面活性剂动物蛋白类泡沫是立式甲、乙、丙类液体储罐的首选。

尽管甲、乙、丙类液体罐种类很多，但随时间推移，在役的地上罐型基本为固定顶、外浮顶、内浮顶等钢制立式储罐及少量卧式罐。立式钢制储罐遍及我国各地，基本都安装泡沫系统，且非石油、石化领域从业者一般了解较少，故对钢制立式储罐的结构形式进行介绍。涉及立式储罐工艺结构与防火要求的国家标准有《石油库设计规范》GB 50074、《石油化工企业设计防火规范》GB 50160、《石油天然气工程设计防火规范》GB 50183、《立式圆筒形钢制焊接油罐设计规范》GB 50341、《石油储备库设计规范》GB 50737 等，上述规范已规定的内容不再赘述。

一、固定顶储罐

固定顶储罐是指罐顶周边与罐壁顶端固定连接的储罐（图3-1）。在我国实际工程中，基本采用罐顶为球面形、荷载靠罐壁周边支撑的自支撑固定顶储罐。固定顶罐的液体表面和罐顶之间为气相空间，当气相空间的甲、乙、丙类液体蒸气与空气混合浓度处于爆炸上下极限间时，遇引火源势必发生爆炸。为使发生爆炸时罐顶与罐壁的接缝处发生分离，避免罐底与罐壁处出现裂缝或破坏而造成大量的油品泄漏，固定顶储罐应采用弱顶结构，相关规范也是如此规定的。实际工程中有的采用罐顶与罐壁顶端单面焊接保障弱顶结构，也有没做弱顶结构的。受国家标准《低倍数泡沫灭火系统设计规范》GB 50151 和《泡沫灭火系统设计规范》GB 50151—2010 的约束，此类储罐容量不大于30000m³，最大直径多为48m。

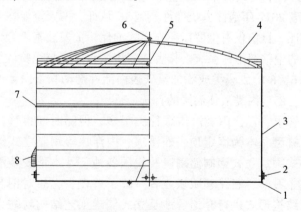

图3-1 固定顶储罐

1—罐底；2—罐壁人孔；3—罐壁；4—罐顶；5—透光孔；

6—呼吸阀口；7—加强圈；8—平台及盘梯

固定顶储罐分为常压储罐和操作压力低于0.1MPa 的低压储罐。常压固定顶储罐在罐顶中部设有呼吸阀，以便保持罐内处于大气压下。它通常用于储存挥发性较小、闪点高于60℃的丙类液体，如轻柴油、蜡油、渣油等；当容量较小时（一般小于5000m³），也有用常压固定顶储罐储存甲、乙类液体的。因某油田用内浮顶储罐储存未稳定原油导致了翻盘，故未稳定原油也用常压固定顶储罐储存，并多设有"大罐抽气"设施。

低压储罐是用来储存低沸点、高饱和蒸气压的甲类液体，如环氧丙烷、轻烃等。低压储罐通常设有氮封，罐顶设有爆炸泄压设施。

二、外浮顶储罐

外浮顶储罐是指顶盖漂浮在所储液面上的立式圆筒形钢制储罐，如图3-2所示。外浮顶储罐按浮顶结构分为单盘（图3-3）、双盘浮顶储罐（图3-4）。

图3-2　外浮顶储罐现场照片

外浮顶储罐的浮盘底部与所储可燃液体液面直接接触，并随液面升降，其适合建造大容量储罐。产油大国沙特阿拉伯建有世界上最大的单罐容量为 $20 \times 10^4 m^3$ 的浮顶油罐，日本建有 $16 \times 10^4 m^3$ 浮顶油罐，我国分别在江苏仪征、大庆、兰州、福建和上海等地建成投产了约20座最大单罐容量为 $15 \times 10^4 m^3$ 的浮顶油罐。

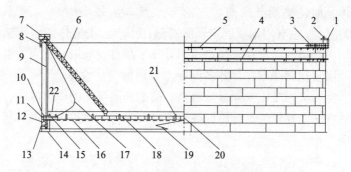

图 3 – 3　单盘式外浮顶储罐

1—导向管平台；2—导向管；3—顶部抗风圈栏杆；4—加强圈；5—抗风圈；
6—转动浮梯；7—顶部平台；8—盘梯；9—量油管；10—二次密封；
11——一次密封；12—刮蜡装置；13—罐壁；14—罐底；15—浮舱；
16—单盘板；17—静电导出装置；18—转动浮梯轨道；19—浮顶
排水装置；20—浮顶集水坑；21—浮顶支柱；22—泡沫挡板

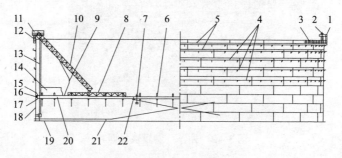

图 3 – 4　双盘式外浮顶储罐

1—导向管平台；2—导向管；3—顶部抗风圈栏杆；4—加强圈；5—抗风圈；
6—浮顶支柱；7—紧急排水装置；8—转动扶梯轨道；9—静电导出装置；
10—转动扶梯；11—顶部平台；12—盘梯；13—量油管；14—泡沫挡板；
15—二次密封；16——一次密封；17—刮蜡装置；18—壁板；19—底板；
20—浮顶；21—浮顶排水装置；22—浮顶集水坑

28

自我国从日本引进技术与材料并于 1988 年在原河北八三工程末站（现名为中国石油天然气股份有限公司管道秦皇岛输油气分公司）和大庆油田南三油库建造投产了 4 座 $10 \times 10^4 \mathrm{m}^3$ 浮顶油罐后，加速了浮顶油罐的大型化。近十几年来，特别是在我国沿海地区以码头为依托建设了多个集储存、加工生产的大型石油化工园区，甚至有若干园区的油品总储量在 $1000 \times 10^4 \mathrm{m}^3$ 及以上，如大连大孤山石油化工园区，规划有 160 座 $10 \times 10^4 \mathrm{m}^3$ 浮顶油罐，油品与其他化工液体总量将达 $1800 \times 10^4 \mathrm{m}^3$。据不完全统计，目前我国已经先后在大连、铁岭、唐山曹妃甸、天津、青岛黄岛区、宁波镇海、舟山、广西钦州、昆明、兰州、新疆哈密、独山子等地建造了超过 1000 座 $10 \times 10^4 \mathrm{m}^3$ 浮顶油罐。在我国二期国家石油储备工程全部完工和三期工程及商业储备库建设的推动下，还会有若干个千万吨级的石油化工园区诞生。为我国工程建设成就自豪的同时也时刻忧虑其火灾风险，因我国大型储罐区建设设防标准低而再次发生难以承受之灾是大概率事件。

由于储罐浮顶暴露于大气中，储存的油品易被雨、雪、灰尘污染，因而多用于储存原油，也有一些储存组分油的。

三、内浮顶储罐

内浮顶储罐是指在固定顶储罐内设有浮盘的储罐，见图 3-5。内浮顶储罐的浮盘形式较多，主要有钢制单盘（图 3-6）、双盘、敞口隔舱式单盘及浮筒式浮盘（图 3-7 和图 3-8）。虽然钢制单、双盘式内浮顶储罐密封性好，少见其火灾案例，但相比浮筒式等轻质浮盘内浮顶储罐，施工难度大、造价高，业主往往采用后者。1978 年版的 NFPA11 *Standard for Low Expansion Foam Extinguishing Systems* 视内浮顶储罐为法拉第笼，认为不大可能着火，但随着浮筒式等轻质浮盘内浮顶储罐频繁发生爆炸火灾，且多为全液面火灾，其观点改变，规定内浮顶储罐也应设置灭火系统。

图 3-5 内浮顶储罐现场照片

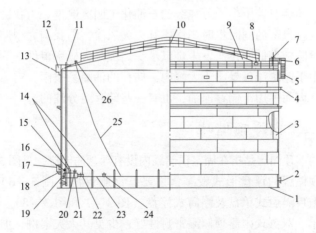

图 3-6 单盘内浮顶储罐

1—罐底；2—罐壁人孔；3—罐壁；4—加强圈；5—盘梯；6—量油管平台；

7—量油管；8—罐顶人孔；9—罐顶；10—罐顶通气孔；11—导向管；

12—导向管平台；13—罐壁通气孔；14—浮顶支柱；15—泡沫挡板；

16—浮顶呼吸阀；17—罐壁带芯人孔；18—罐壁带芯人孔平台梯子；

19—密封装置；20—浮舱人孔；21—浮舱；22—自动通气阀；

23—单盘板；24—单盘人孔；25—静电导出装置；26—透光孔

30

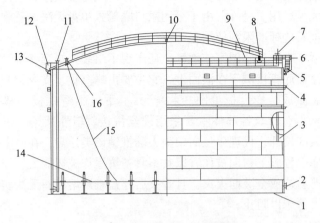

图 3 – 7 铝浮盘内浮顶储罐图

1—罐底；2—罐壁人孔；3—罐壁；4—加强圈；5—盘梯；6—量油管平台；

7—量油管；8—罐顶人孔；9—罐顶；10—罐顶通气孔；11—导向管；

12—导向管平台；13—罐壁通气孔；14—铝制内浮顶；

15—静电导出装置；16—透光孔

图 3 – 8 铝浮盘储罐底部

单、双盘内浮顶储罐的浮盘与所储可燃液体液面直接接触，大大降低了物料蒸发损失，应是汽油、石脑油、煤油等轻质甲、乙类液体的首选。但在实际工程中，浮筒式等轻质浮盘内浮顶储罐被大量采用。另外，由于采用敞口隔舱式单盘无法设置泡沫系统，被某些标准限制使用。

近年来在某些国家或地区，还出现了组装式蜂窝状不锈钢浮盘，浮盘底直接漂浮在液面上。它主要由蜂窝板、支撑梁和立柱等拼装而成，蜂窝板见图3-9，其上下层不锈钢板一般仅有0.5mm厚，浮盘各部件主要采用螺丝拼接。境外某企业正通过中国大陆设计、代理单位向中国大陆推销该类浮盘，在海南省某石油库工程施工初期被作者以其不具备抗爆炸破坏能力、浮盘密封不严易造成全液面火灾，且着火后浮盘难以熔化而无法实现泡沫灭火等予以阻止。

图3-9 蜂窝板拼装图

第二节 钢制立式储罐火灾场景

可燃液体的燃烧为气态燃烧，当其蒸气与空气混合比在爆炸上、下极限之间时，遇点火源可能被点燃。点燃可燃液体蒸气与空气混合气体所需的能量在1mJ以下。雷击是最主要的点火源，其他可能的点火源有车辆发动机、明火作业、自然发火、静电、工厂炉火、外界因素（燃烧灰烬飘落）等。若混合比低于爆炸下限或高于爆炸上限，则通常不会被点燃。

闪点大致相当于可燃液体爆炸下限的温度。图 3-10 是乙醇的闪点、爆炸极限的关系曲线，可燃液体都存在类似的关系曲线。

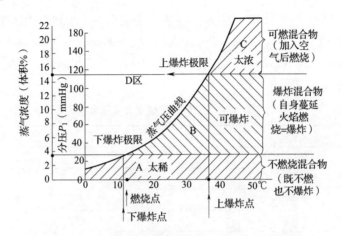

图 3-10　乙醇闪点与爆炸极限及饱和蒸气压关系图

立式钢制储罐火灾场景因储罐类型、起火原因及储存可燃液体不同而异。研究储罐火灾场景，掌握其变化规律，对搞好储罐（区）火灾预防和火灾扑救有重要的意义。为了阐明观点，本书引用了一些储罐火灾案例，但并未详细介绍。过往案例很多，有需要可阅读有关案例汇编类书籍。

瑞典国家试验研究所共收集分析统计了欧洲、美国及其他英语系国家自 20 世纪 50 年代至 2003 年 9 月 28 日所发生的 479 起储罐火灾案例，见表 3-1。其他地区，因资料收集困难，没有统计分析。在这 479 起储罐火灾案例中，全液面火灾 54 起、浮顶密封圈火灾 79 起、数个储罐同时发生火灾放弃灭火 80 起、资料不全无法判断类别 252 起、仅覆盖泡沫实际并无火灾发生 14 起。

表 3 – 1 　每十年储罐事故统计

时间	1950 年代	1960 年代	1970 年代	1980 年代	1990 年代	2000 年代
火灾起数	13	28	80	135	161	62

1998 年 7 月第一版美国石油学会文件（API PUBLICATION 2021A）*Interim Study—Prevention and Suppression of Fires in Large Aboveground Atmospheric Storage Tanks* 中辑入 107 起储罐火灾案例，火灾原因见表 3 – 2。

表 3 – 2 　大型常压储罐火灾原因

火灾原因	火灾起数	火灾原因	火灾起数
雷击	65	浮盘沉没	2
蓄意破坏	5	硫化亚铁自燃	1
冒顶	3	蒸气压超过设计上限	1
明火作业	3	火星掉入漏油的罐顶	1
静电	3	未知或没有说明	15
附近爆炸碎片打击	3	总计	107

由于本书重点在于泡沫灭火技术，为与泡沫灭火技术衔接，同时提示有关单位或个人如何应对储罐火灾，所以依据钢制立式储罐类别，从火灾波及范围方面对于火灾场景进行分类。

一、固定顶储罐主要火灾场景与设防标准

火灾发生的客观原因大致有可燃气体意外混入储罐内、储罐超压、高温、罐顶破洞、储罐满溢、罐壁或罐底破洞、维修维护过程中可燃液体泄漏及其他外部事件（自然灾害、恐怖攻击）等。

（一）全液面火灾

固定顶储罐火灾多为爆炸后稳定燃烧。即先是混合蒸气爆炸，继而稳定燃烧。小罐或中低液位罐爆炸着火时往往被"揭

盖"形成敞口全液面火灾，参见图3-11；高液位大罐有可能是罐顶与罐壁局部炸开口。

《石油化工企业设计防火规范》GB 50160、《石油天然气工程设计防火规范》GB 50183均以一个储罐发生全液面火灾为设防基准，《石油库设计规范》GB 50074—2014除其定义的特级石油库外，其他级别石油库也是如此。

图3-11　单个储罐火灾

图3-12　多个储罐火灾

固定顶储罐发生全液面火灾后，若不及时有成效地扑救，5~10min后会造成罐壁变形、罐顶塌陷。若是储存高热值可燃液体，极易因火焰温度高、热辐射强度大，甚至火焰直接作用到相邻储罐罐顶，而导致相邻储罐相继爆炸起火，图3-12为1989年芬兰鲍尔加市炼油厂油罐火灾。一旦形成多罐火灾，灭火变成奢望，或许更期待其尽快燃尽，别进一步扩散。

（二）可燃液体流淌到防火堤内的火灾

依据过往火灾案例归纳为：

（1）可燃液体储罐进出料过程中外溢事故导致的防火堤内火灾。这类火灾大都能够通过关闭相关阀门停止作业，同时采取有效扑救得到控制。

（2）油品储罐着火沸溢导致的防火堤内火灾。除原油储罐火灾会发生沸溢外，高温重油储罐长时间燃烧后也会发生沸溢，并且喷射泡沫扑救还会导致油品溅溢（slop over）。最惨重的重油储罐火灾沸溢案例可能当属1982年委内瑞拉首都加拉加斯附近的发电厂重油罐火灾案例了，着火约8h后大火演变为剧烈沸溢，造成了150多人死亡、300多人受伤。

（3）储罐开裂导致的防火堤内火灾。固定顶油罐起火爆炸时，可能发生罐壁与罐底焊缝沿罐底圆周方向全部或部分撕开油品外泄的恶性事故。为尽可能防止发生此种场景火灾，相关设计规范规定采用弱顶结构或设置易碎罐顶。但现实工程中往往难以落实，如2009年4月8日，位于内蒙古鄂尔多斯市的伊泰煤制油有限责任公司中间罐区4号500m^3蜡油罐火灾，其罐顶与罐壁尚且完好而罐底炸裂，导致燃烧着的蜡油流淌入防火堤内，又相继引燃了500m^3石脑油1A、1B、1C内浮顶罐，见图3-13。另外，对于直径小于15m的小型储罐，按国家有关标准规定的钢板厚度设计建造，其罐壁重量可能不足以抵消储罐爆炸时的提升力，应特别注意保证弱顶结构，这一点未得到普遍认识。

图 3 – 13　伊泰煤制油中间储罐区火灾现场

火灾蔓延到防火堤内的火灾场景不在固定泡沫系统设防范围内，需要移动救援力量施救。沸溢和储罐开裂导致的防火堤内火灾，尤其是沸溢，往往在施救过程中突然发生而猝不及防，在制订应急预案时应考虑这种风险，防范救援人员伤亡。

（三）防火堤被外泄的油品冲毁，火灾失控

《石油库设计规范》GB 50074、《石油化工企业设计防火规范》GB 50160、《石油天然气工程设计防火规范》GB 50183、《石油储备库设计规范》GB 50737 四部国家标准对防火堤结构强度要求都是能承受液体充满防火堤时的静压，并为适应浮顶储罐，规定将防火堤距外侧道路高度由不大于 2.2m 增高到 3.2m。其规定既自相矛盾，又存在重大隐患。只有罐组内最大储罐在上限液位时，罐壁底部开裂才能使储存液体充满防火堤，这种情况下会产生相当大的冲击动压，若按静压设防，储罐破裂会冲毁防火堤。现实火灾案例中，在储罐没有破裂，只是长时间扑救形成一定深度的积水就导致混凝土堤局部失效了，此案例在后面内浮顶储罐火灾场景部分中进一步介绍。防火堤被外泄的油品冲毁的火灾案例为数不少，现介绍比较惨重的两起国外案例加以警示。

1982 年 12 月 19 日，委内瑞拉首都加拉加斯电力公司的油罐发生大火，约 8h 后剧烈沸溢并冲毁土防火堤。由于油库位于陡峭山坡，近似熔岩状的燃油顺势流淌到居民区，造成重大人员伤亡和财产损失。有关案例的详细介绍可见张清林等编的《国内外石油储罐典型火灾案例剖析》（天津大学出版社，2014）一书。

1994年11月2日，埃及艾斯龙特市储量15000吨的石油基地油罐区遭雷击起火，燃油外泄冲毁防火堤。该油罐区距居民区200m，且油罐区地势较高，烧着的油品顺流而下成火海，导致500多人死亡。

二、外浮顶油罐主要火灾场景与设防标准

有关外浮顶油罐火灾场景与发生概率，1997年由16家国外石油公司组成的大型常压储罐火灾调查项目组（LASTFIRE），收集了36个国家164个站点1981～1995年2420座直径大于40m的外浮顶油罐数据资料，被考察储罐的平均使用年限为27.1年，代表着33909罐×年。调查得到火灾场景及统计数据分别见图3-14与表3-3。

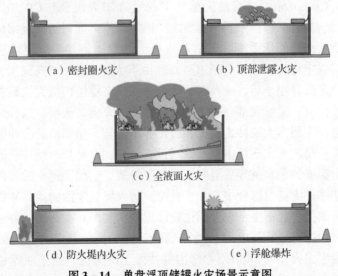

（a）密封圈火灾 　　　　　　（b）顶部泄露火灾

（c）全液面火灾

（d）防火堤内火灾 　　　　　　（e）浮舱爆炸

图3-14 单盘浮顶储罐火灾场景示意图

38

表3－3 LASTFIRE浮顶储罐初始火灾统计数据

	初始火灾事件				
	密封圈火	防火堤小火	防火堤大火	罐顶泄漏火	全液面火
事故数量	55	3	2	1	1
概率 (10^{-3}/罐×年)	1.6	0.09	0.06	0.03	0.03

（一）环型密封圈火灾

外浮顶油罐普遍采用钢制单、双盘式浮顶，罐顶与油品接触，罐内几乎没有气相空间。因密封不严或受损，导致油气泄漏，当油气浓度达到爆炸极限范围内，并遇点火源时，便发生密封圈爆炸火灾。到目前为止，外浮顶油罐的浮盘密封仍是一个薄弱环节。密封圈火灾场景见图3－15。

图3－15 密封圈火灾照片

在LASTFIRE调查报告记录的62起初始火灾中，有55起密封圈火灾，其中52起是雷击引起的，2起是在运行中的储罐上进行明火作业引起的，1起火灾原因不明，与第一版美国石油学会文件（API PUBLICATION 2021A）分析数据基本一致。由于样本差异，瑞典国家试验研究所给出了不同的分析数据，不过根据我国大型外浮顶油罐密封圈火灾案例，雷击为最主要原因是不容置疑的。雷击火灾概率带明显的地域性，这是不同地域雷暴日和雷暴强度不同的缘故，年雷暴次数多的国家地区其密封圈雷击火灾概率较高。在 LASTFIRE 调查的 15 年期间，雷暴多发地点的一些储罐多次遭雷击引发密封圈火灾。我国也一样，广州石化某罐组的储罐反复遭雷击起火，宁波镇海国家石油储备基地 47 号罐（$10 \times 10^4 \mathrm{m}^3$）2007 年一个月内两次遭雷击起火，2010 年 3 月 3 日相邻的 49 号储罐又遭雷击爆炸着火，2011 年 11 月 22 日大连新港两个 $10 \times 10^4 \mathrm{m}^3$ 储罐同时遭雷击起火。目前规范的设防标准为一座储罐密封圈火灾。

（二）全液面火灾

有关大型外浮顶油罐发生全液面火灾概率，LASTFIRE 只收集了 36 个国家 164 个站点的案例，且截止到 1995 年。瑞典国家试验研究所收集的案例截止到 2003 年 09 月 28 日，且均为欧、美和部分英语系国家或地区。到 2015 年末，实际发生的火灾案例远多于上述两家的统计数据。综合 LASTFIRE 的统计数据，外浮顶油罐发生全液面火灾的概率应在 10^{-4} 量级。图 3 - 14（b）、（e）都会发展成为浮盘沉没后的全液面火灾，其中图 3 - 14（b）显示了发生于 1983 年 8 月 30 日 Amoco 公司英国米尔福德港炼油厂一座直径 255 英尺（容积约 $10 \times 10^4 \mathrm{m}^3$）的原油外浮顶储罐火灾。该着火罐中部钢板常年受风力作用而产生了疲劳裂纹，油气从裂纹处泄露，遇点火源（最可能是 30m 内烟囱排出的炽热碳颗粒被风吹到罐顶上）发生火灾。灭火救援过程中采用了消防炮向储罐中央喷射泡沫和水，浮盘被击沉，尽管采取了倒出着火罐与相邻罐油品的措施，着火罐还是发生了两次沸溢。火灾中，着火罐被烧毁、烧掉原油 25000 吨，距离 60m 远的两个相邻储罐被烧严重变形而报废。2010 年 7 月 16 日，大连中石油国际储运有限公司卸油管道爆炸大火中也波及了其 103 号罐，形成了全液面火灾，参见图 3 - 16。庆幸其油品大都经管道泄露流淌了，而没有发生沸溢，保住了其他储罐。

图 3 - 16   中石油国际储运有限公司灾后

迄今为止，发生全液面火灾直径最大的当属美国路易斯安那州诺科市某炼油厂汽油储罐火灾，而且堪称油罐全液面火灾扑救的范例。扑救成功的关键除指挥得当外，一是超大流量泡沫炮成功压制烈焰，二是灭火后在泡沫保护下倒罐，三是着火油罐附近水源充足，四是相邻储罐间距大没有冷却之忧（见图 3 - 17）。简介如下：

2001 年 6 月 7 日，美国路易斯安那州诺科市炼油厂一座直径 82.4m、高 9.8m 的外浮顶油罐因雷击起火。火灾发生时内储 47700m^3 汽油，着火前浮盘部分沉没。灭火时，在罐东南侧部署了一台流量为 30300L/min 的消防炮，在罐西南侧部署了一台流量为 15100L/min 的消防炮，为进一步巩固灭火成果，在正南方向又增加了 1 台流量为 3785L/min 的消防炮。65min 后火灾被扑灭。灭火后为防复燃，工作人员将该储罐内的汽油转移到另外的一座储罐。倒罐过程中，每隔 45min 向罐内喷射一次泡沫，每次喷射持续 15min。灭火过程中泡沫混合液供给强度为 8.55L/（min·m^2），泡沫液总用量为 106 t。

图 3-17 美国诺科炼油厂直径 82.4m 汽油储罐火灾

浮顶沉没是发生或发展为全液面火灾的原因。瑞典国家试验研究所对浮顶沉没的原因进行了统计分析，参见图 3-18。

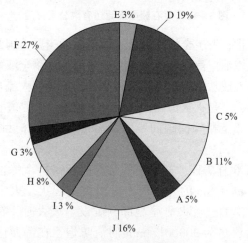

图 3-18 沉盘原因

A—管线内混入气体；B—充填过满；C—浮船损坏；D—浮顶支架故障；
E—浮顶积水；F—暴雨；G—浮顶排水系统故障；H—浮顶破裂；
I—浮顶表面泄漏存储物；J—不明原因

（三）蔓延到防火堤内的火灾

导致储罐内部火灾蔓延到防火堤内的原因有：进油过程中的冒顶事故、原油火灾沸溢、油罐开裂等。前面已有案例表述，不再举例赘述了。以往火灾案例显示，对于汽油、柴油等油品储罐火灾过程中，罐壁向内凹陷，通常不会蔓延到防火堤内。但灭火救援过程中过量喷射水或泡沫导致储罐满溢的案例是存在的。大型原油储罐全液面火灾灭火成功者寥寥，大都发生沸溢。我国应特别关注防范此类火灾，因为它可能酿成区域性风险，甚至会酿成社会风险。

（四）防火堤被外泄的油品冲毁，火灾失控

迄今作者并未获得外浮顶储罐破裂冲毁防火堤，并发生火灾的例证，只是依据如下两个案例推测的：①1974 年日本三菱石油水岛炼油厂一座 $5 \times 10^4 \, m^3$ 油罐因基础不均匀沉陷造成罐底、罐壁同时拉裂，瞬时泄出油品，并将防火堤冲毁。②20 世纪 50 年代，英国发生过 $2 \times 10^4 \, m^3$ 油罐试水时脆性破裂，罐内水瞬时泄出而冲毁防火堤。日本石油储备库多考虑了这一场景（图 3 – 19），设防标准是我国无法比拟的。地域狭小的日本能用如此高标准设防，并从国家立法层面颁布了包括《石油联合企业灾害防治法》在内的系列法律。这不是杞人忧天，2010 年 7 月 16 日发生在大连中石油国际储运有限公司管道爆炸火灾，事前是想象不出的，但却成为载入史册的恶性火灾案例。聊以宽慰的是其处于储存区低位，见图 3 – 20。

图 3 – 19　日本苫小牧石油共同储备基地

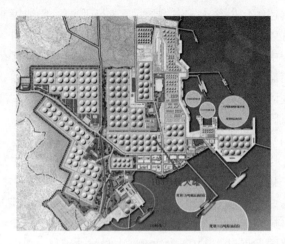

图 3 - 20 大孤山石油储存区

三、内浮顶储罐主要火灾场景与设防标准

内浮顶储罐通常用于储存凝析油、稳定轻烃、原油一、二次加工所得的轻质油品及化工液体等甲、乙类液体。原油一、二次加工所得的粗轻油罐硫醇、硫醚等腐蚀性物质一般含量高，易产生硫化亚铁，且易带静电等。因所储存甲、乙类液体的易燃性，决定了内浮顶储罐的火灾危险性高，世界范围内，有大量内浮顶储罐火灾案例，且我国也有不少内浮顶储罐火灾案例。但国内外的相关统计分析资料和媒体报道，基本未说明着火储罐的浮盘形式，作者掌握的案例都是铝浮盘浮顶罐与早期使用的浅盘。相信会有钢制单、双盘内浮顶储罐火灾案例，但可能较少。

钢制单、双盘内浮顶储罐为双顶结构，固定顶为内浮顶遮风挡雨，还可能有防雷作用，相对于外浮顶储罐，导致火灾的因素少许多，它是一种较为安全的储罐。如果要分析其火灾场景，类似于外浮顶储罐，只是火灾概率低许多。对于此类储罐相关标准是按密封圈火灾设防。

44

铝或不锈钢薄板浮盘等浮筒式内浮顶罐，密封不严、无抗爆炸破坏能力。它们被用以储存轻质成品油、中间产品及化工液体，不但浮顶与所储存液体液面间有气相空间，而且浮顶上方气相空间混合气体常处于爆炸极限范围内，遇点火源爆炸起火，同时内浮顶被破坏而形成全液面火灾。当采用不锈钢薄板浮盘时，由于漂浮在液面无法熔化，泡沫灭火设施难以将火灾彻底扑灭。我国有一定数量的采用不锈钢薄板的浮筒式内浮顶罐，某地已将此类汽油罐的容量做到 $5 \times 10^4 m^3$，且是按密封圈火灾设防的，这不符合国家标准《泡沫灭火系统设计规范》GB 50151—2010 的规定。对于此类储罐，国家标准《石油库设计规范》GB 50074、《石油化工企业设计防火规范》GB 50160 在总图布置方面执行外浮顶储罐的相关规定，在消防冷却水系统与泡沫系统设计方面执行固定顶储罐的相关规定；国家标准《石油天然气工程设计防火规范》GB 50183 均按固定顶储罐对待。面对高企的火灾概率，应当限制此类储罐用于储存闪点低于45℃的甲、乙类液体，业内支持者在逐步增多。关于此类储罐的火灾场景基本类似于固定顶储罐，而且因其储存轻质液体、储罐间距小（0.4 倍储罐直径），火灾更容易蔓延。腾龙芳烃（漳州）有限公司"4.6"重大爆炸火灾事故是最好的例证。

2015 年 4 月 6 日 18 时 56 分，腾龙芳烃（漳州）有限公司二甲苯装置在停产检修后开车时，引料操作过程中出现压力和流量波动，引发液击，存在焊接质量问题的管道焊口作为最薄弱处断裂。约 295℃ 物料蒸气从管线开裂处泄漏扩散，后被鼓风机吸入风道进入炉膛爆燃，并引爆弥漫在空中的蒸气与空气混合物形成球火，巨大的爆炸冲击波导致距二甲苯装置西侧约 67.5m 中间罐区的 607 号、608 号 2 座重石脑油储罐和 610 号轻重整液储罐罐壁内陷，与罐顶间焊口撕裂并先后爆炸着火。爆炸还损毁了敷设在管廊上由变电所到罐区变电站的二回路电缆和储罐上消防冷却水环管，储罐爆炸损毁了储罐上的横式泡沫产生器，固定消防设施全部瘫痪。4月8日10时53分，609号轻重整液储罐又被引燃。至此同一罐组4座容量均为10000m³的储罐全部被烧，着火前它们存量分别为6622吨、2000吨、1562吨、4000吨。

　　事故发生后，公安消防部门先后共调动消防车辆269部、官兵1169名全力灭火。先后以陆运、空运方式从山东、江苏等地调集泡沫液1600多吨（实际使用800吨）运往现场，曾两次控火（相关文件中说灭火），两次复燃。灭火救援过程中，喷射了大量消防水冷却，储罐内液体外溢到防火堤内，由于防火堤内地面经水浸泡后，局部沉降，致使一段防火堤向内倾斜，在接缝处形成开口，水与燃液向防火堤外泄流，火灾蔓延到防火堤外。经过消防官兵68小时连续奋战，于4月9日3时10分，以最后起火的609号储罐物料燃尽熄灭宣告灭火，保住了相邻罐组，见图3-21。"4·6"重大爆炸火灾事故留给人们许多需要思考的问题，敏感话题就不谈了。

图3-21　腾龙芳烃"4·6"爆炸火灾事故现场

　　（1）腾龙芳烃（漳州）有限公司火灾时，用于安全保障的空分装置单元未建，依《消防法》规定应设的企业消防站未见到，应该是安全配套设施不健全就试生产了。

（2）案由虽然定性为物料操压力和流量波动引发液击，可是其管道内压力才 1.0MPa，在发达国家焊口都不作为隐患点，连同储罐如此不堪一击，反映出其设备材料与施工质量是何等低劣。

（3）相关动力电缆、防火堤、储罐间距等设置符合国家标准《石油化工企业设计防火规范》GB 50160—2008 的规定，可见该标准尚需完善。

（4）国家标准《泡沫灭火系统设计规范》GB 50151—2010 规定固定顶储罐与按固定顶储罐对待的内浮顶储罐宜设置立式钢制泡沫产生器，规定外浮顶储罐当从顶部供给泡沫时应设置泡沫导流罩，该工程均未遵守。

（5）相关事故调查报告都未对着火储罐的结构形式、所储存液体组分或馏分进行分析，对今后科学研究帮助甚少。作者等深入灾后现场只是听企业人员说储罐采用的是铝浮盘，对所储液体未作具体回答。

第三节　外浮顶储罐防雷设施的作用

自 2006 年 8 月 7 日中国石化管道公司南京输油处仪征输油站 16 号 $15 \times 10^4 \mathrm{m}^3$ 原油外浮顶储罐发生雷击火灾后，经过火因调查，以及过往国内大型原油外浮顶储罐雷击火灾火因追溯与分析，普遍认为在储罐区设置接闪器（避雷针）无助于防范雷击火灾，且有引雷之嫌。自此相关标准都不再规定可燃液体储罐区设置避雷针，而是靠储罐自身防雷接地等防范。国内多位业内学者认为储罐密封圈防直击雷是难以做到的。

2015 年 4 月 6 日腾龙芳烃爆炸火灾后，为更好贯彻党和国家主要领导人的指示、批示精神，公安部消防局成立"石油化工企业事故防控专题调研小组"，深入全国主要相关企业开展调研。在调研过程中，基层消防人员反映扑救密封圈火灾需人员登顶，担心被雷击，建议储罐区设置避雷针。基层消防人员毕竟不是雷电科学方面的专业工作者，其朴素的建议能否起作用？

雷电科学属大气物理学下三级学科大气电学的范畴，我国有几所高校开设相关课程，如南京信息工程大学等。但其至今尚未形成一种被公认为无懈可击的完整学说。那么，目前大型外浮顶储罐浮顶与罐壁间设置两根旁路导线（我国也称导静电线）与沿罐周间距不大于 3m（10ft）设置一个截面积不小于 $20mm^2$（$0.4 \times 51mm$）奥氏体不锈钢（通常牌号为 302）分路（我国也称导流片）的等电位连接有多大作用呢？再有两根旁路导线截面积由 $25mm^2$ 增加到 $50mm^2$ 能起多大作用？我国业内对外浮顶储罐防雷也有不同观点。为此，有必要对雷电成因、现有防雷措施的作用以及国内外防雷进展进行简要论述。

一、雷击分类

雷击有直击雷、感应雷、"球形雷"三种主要形式。直击雷是指带电云层与大地某点间迅猛放电现象；感应雷是由于带电云层的静电感应，使地面某一范围带上异种电荷，当直击雷发生后，云层带电迅速消失，而地面某些范围因散流电阻大，以致出现局部高电压，或者由于直击雷放电过程中，强大的脉冲电流对周围的导线或金属物产生电磁感应产生高电压以致发生闪击的现象，也称之为"二次雷"；球状闪电俗称滚地雷，这种现象早于1838 年便有文献记载，但至今仍未有合理的解释，也较少见，故不再论述了。

二、雷电成因与特性

（一）雷电成因

从 18 世纪中叶美国科学家本杰明·富兰克林（Benjamin Franklin）用他那绑有尖端导体的风筝取雷电实验后，证明了雷电与摩擦产生的电是相同的，并且发明了流传后世的避雷针。随着后来者的不断实验研究，在这一领域取得了许多成就。研究认为雷击通常是部分带电云层与另一部分带异种电荷云层或带电云层对大地之间的迅猛放电。这种迅猛放电过程产生强烈闪电并伴随巨大声音。云层间放电主要对飞行器有危害，云层对地放电则对建构筑物、电子电气设备和人、畜危害甚大。雷云形成与带电云层密不可分，有关雷云形成的假说很多，现介绍其中一种被认为比较完善并经常被推荐的假说，剑桥大学的查尔斯·威耳逊（Charles Thomson Rees Wilson）假说：

根据大量科学测试与推算，地球表面约带有 $5 \times 10^5 C$ 负电荷，地球上空存在一个带同样电量正电的电离层，两者间形成一个已充电的电容器，它们之间的电压为 300kV 左右，且电场方向为上正下负。这种电荷分布与稳定靠雷暴，地球上任何时刻约有 2000 个雷暴在活动。

当地面含水蒸气的空气受热上升，产生向上气流。这些含水蒸气上升时温度逐渐下降形成雨滴、冰雹（称为水成物），这些水成物在地球静电场的作用下被极化（图 3 – 22），电荷分布为负上正下，因重力作用下落速度比云滴和冰晶（这二者称为云粒子）要大，因此极化水成物在下落过程中要与云粒子发生碰撞。碰撞的结果是其中一部分云粒子被水成物所捕获，增大了水成物的体积，另一部分反弹回去。反弹回去的云粒子带走水成物前端的部分正电荷，使水成物带上负电荷。由于水成物下降的速度快，而云粒子下降的速度慢，因此带正、负两种电荷的微粒逐渐分离（这叫重力分离作用），如果遇到上升气流，云粒子不断上升，分离的作用更加明显。最后形成带正电的云粒子在云的上部，而带负电的水成物在云的下部，或者带负电的水成物以雨或雹的形式下降到地面。当带电云层一经形成，就形成雷云空间电场，空间电场的方向和地面与电离层之间的电场方向一致，因而加强了大气的电场强度，使大气中水成物的极化更厉害，在上升气流存在情况下更加剧重力分离作用，使雷云发展得更快。实际上气流的运动比上面讲的更为复杂，雷云电荷的分布也比上述复杂得多。

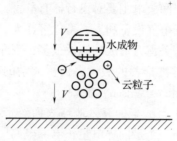

图 3 - 22　水成物在大气电场中极化

　　雷电与带电云层的存在分不开，与闪电有关的云有层积云、雨层云、积雨云等多种，其中闪电最主要发生于积雨云，人们通常把发生闪电的云称为积雨云。据大量直接观测，典型的雷云中的电荷分布大体如图 3 - 23 所示。

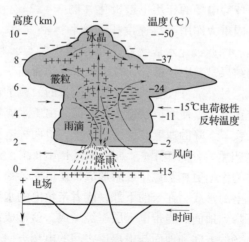

图 3 - 23　典型雷云中电荷分布

测试结果表明，大地被雷击时，多数是负电荷从雷云向大地放电，少数是雷云上的正电荷向大地放电；在一块雷云发生的多次雷击中，最后一次雷击往往是雷云上的正电荷向大地放电。观测证明，发生正电荷向大地放电的雷击显得特别猛烈。

（二）雷击闪电的特性

雷电破坏作用与峰值电流及其波形有最密切关系。雷击的发生、雷电流大小与许多因素有关，其中主要有地理位置、地质条件、季节和气象。其中气象情况有很大的随机性，因此研究雷电流大多数采取大量观测记录，用统计的方法寻找出它的概率分布。根据资料表明，各次雷击闪电电流大小和波形差别很大。尤其是不同种类的雷放电差别更大。

闪电电荷的多少取决于雷云带电情况，所以它又与地理和气象条件有关，也存在很大的随机性。大量观测数据表明，一次闪电放电电荷可从零点几库仑到1000多库仑。第一次负闪击放电量10多库仑者居多。

雷电之所以破坏性很强，主要是因为它把雷云蕴藏的能量在短短的几十微秒（μs）放出来，从瞬间功率来讲，它是巨大的。但据有关资料计算，每次闪击发出的能量只相当燃烧几千克石油所放出的能量而已。

（三）雷击的选择性

苏联 H·C·斯捷柯里尼科夫（CTehojhkob）曾用模拟试验的研究方法证明，如果地面土壤电阻率的分布不均匀，则在电阻率特别小的地区，雷击的概率较大。这就是在同一区域内雷击分布不均匀的原因。这种现象被称为"雷击选择性"。试验结果证明，雷击位置经常在土壤电阻率较小处，而电阻率较大的多岩石土壤被击中的机会很小。根据其试验与实际观测认为易遭雷击的地点一般为：有金属矿床的地区、河岸、地下水出口处、湖沼、低洼地区和地下水位高等土壤电阻率较小的地方，山坡与稻田接壤处等具有不同电阻率土壤的交界地段。易遭受雷击的建（构）

筑物为：水塔、电视塔、高楼等高耸突出的建筑物，排出导电尘埃、废气热气柱的厂房、管道等，内部有大量金属设备的厂房、地下水位高或有金属矿床等地区的建（构）筑物，孤立、突出在旷野的建（构）筑物。

三、储罐分路和旁路导线防直击雷有效性探讨

据以往外浮顶储罐雷击火灾案例，基本是在旁路导线连接良好情况下发生的，由直击雷引起的可能性较大。表 3－4 是 25mm² 软铜复绞线有关电阻与感抗计算值，导线电阻和感抗约相差 2～3 个数量级，因此导线的阻抗主要取决于其感抗，而感抗主要与长度有关，实测数据也证实了这一观点，如某 50000m³ 储罐火灾，事后检查旁路导线电阻为 0.4Ω，两接点接触电阻分别为 0.041Ω、0.043Ω。因此，从泄流分流上现有旁路导线的作用很小，将其由 2×25mm² 改为 2×50mm² 对防直击雷帮助不大。因为旁路导线是由许多细铜线成股编织成的，即使电阻降低到原来的四分之一，而其电感与感抗不会降低，且雷电冲击时间短（μs级）。

表 3－4　25mm² 铜绞线数据

长度（m）	电感（μH）	1MHz		10MHz	
		R（Ω）	X_L（Ω）	R（Ω）	X_L（Ω）
12	20	0.2	126	0.6	1260
18	31	0.3	195	0.9	1950
30	55	0.5	346	1.5	3460

在标准波形雷电流下，18m 长旁路导线两端的感应电动势为：

$$\Delta U = L \ (\mathrm{d}i/\mathrm{d}t) \qquad (3-1)$$

当峰值雷击电流为 150kA/10μs 时，导线到罐壁端的电势差为：

$$\Delta U = I \times R + L \ (\mathrm{d}i/\mathrm{d}t) \qquad (3-2)$$

$$\Delta U = 1/2 \times 150 \times 0.44 + 31 \times 10^{-6}H \times 1/2 \times 150 \ \mathrm{kA}/10\mu\mathrm{s} = 265.5\mathrm{kV}$$

如此大电势差能够产生闪络放电。那么分路（见图 3 – 24）作用如何呢？我国实际工程中分路大都为"包覆式"，接触不好，即接触电阻大于旁路导线阻抗，间隙处电位差可能如前述分析那样，存在一个大于闪络放电的电位差。

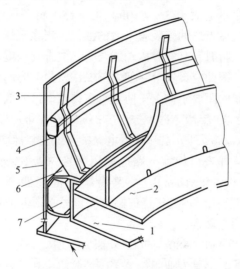

图 3 – 24 带二次密封外浮顶储罐

1—浮盘底板；2—浮盘顶板；3—不锈钢分路；4—泡沫塑料棒二次密封；
5—罐壁；6——次密封外套管；7—聚氨酯泡沫

四、国内外外浮顶储罐防雷进展

（一）美国相关标准演变

1998 年版 API RP2003 *Protection Against Ignitions Arising out of Static, Lightning, and Stray Currents*（《防静电、雷击和散流引发火灾的措施》）中有关外浮顶储罐防直击雷的论述为：防直击雷打击通常是不可能的。可接受的保护方法是提供一个有足够横截面积的金属通道到地面，使雷电迅速消散，从而使危害降到最低。储存挥发性液体的浮顶油罐，当浮顶处于高液位时，如果被雷击中边缘密封处，火灾就会发生。这些火灾在浮顶处于低液位时也发生。直击雷和浮顶上的感应电荷瞬间放电都可引起火灾。当带电云团向油罐附近的大地放电时，浮顶上的感应（束缚）电荷会放电。在浮顶和沿储罐内壁滑动的密封靴板之间设置的沿浮顶环向间距不应大于 3m（10ft）的分路，将感应电荷释放到大地，从而避免点燃油气隔膜下方的油气。当在密封上方设置挡雨板或二次密封时，其空腔内油气与空气混合气浓度可能在爆炸极限范围内，因此应设置分路使之与二次密封上方的罐壁直接接触。分路设置间距要求同上。防止直击雷点燃最有效的手段是严密的密封。2000 年版 NFPA 780 *Standard for the Installation of Lightning Protection Systems*（《雷电保护系统安装标准》）中也有相同的论述，并进而规定分路应使用牌号 302 不锈钢带，规格 $1/64 \times 2in$（$0.4 \times 51mm$）。分路沿罐周的间距不应大于 3m（10ft），并且无论浮顶处于任何高度位置，必须保证形成罐壁与浮顶间持续的金属接触。

2004 年版 NFPA 780 与 2008 年版 API RP 2003 删除了上述表述。美国石油学会是专业组织，美国消防协会相关标准基本借鉴或采纳 API 标准，且 NFPA 780 涉及储罐防雷的内容较少。

2008 年版 API RP 2003 规定：防止雷电火灾的最有效方法是采用紧密的密封和正确设置分路。分路是在罐顶周边以不超过 3m（10ft）的间隔安放金属带，使浮顶与罐体等电位连接，以便将任何与雷电相关的电流传导到大地，而且不会在可能引燃蒸气的区域内产生火花。任何类型的密封上方设有挡雨板或二次密封时，其空腔内可能含有易燃蒸气与空气混合物。这种情况下，分路的安装应能保证它们直接与二次密封上方的罐壁接触。任何情况下，必须确保在罐顶最高处，保持分路与罐体的良好接触。

2009 年 10 月，美国石油学会发布了第一版专门的地上易燃可燃液体储罐防雷推荐规程，即 API RP 545 - 2009　*Recommended Practice for Lightning Protection of Aboveground Storage Tanks for Flammable or Combustible Liquids*，并取代了 API RP 2003。其中对外浮顶防雷规定：分路主要用于传导高中频的雷击电流，沿浮顶周长以不大于 3m（10ft）的间隔排列于液面 0.3m 以下。旁路导线主要用于传导中低频的雷击电流，应当采用直接电气连接的方式，通过适当数量的旁路导线将储罐的浮顶接到储罐外壁上，包括接头在内的每个导线的最大一端电阻为 0.03Ω，旁路导线应具有使浮顶做最大移动所需的最小长度，旁路导线沿储罐周长以不超过 30m（100ft）的间距均匀排列，并且至少设有两个旁路导线。对传导雷电流的分路与旁路提出了严于之前的要求，并阐述：储罐的连接点处于最高的竖向电场区域，该区域包括储罐外缘或大型储罐浮顶本身。雷电流传导到地面不是走单一路径，它与每个有效路径的电涌阻抗成比例划分。从连接点开始，电流作为一个薄层在所有的导电路径上流动。随着电流在一个较大面积上展开，表面电荷即被中和。电流路径的任何不连续都会在间隙上产生电弧。该标准分析了三种雷击罐体电流路径，见图 3 - 25 ~ 图 3 - 27。

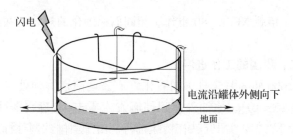

图 3 - 25　雷电击中罐壁顶的电流路径

注：快速高电流脉冲沿罐体内侧向下流动，并经过环形密封和浮顶顶部流动，
　　虽图中只表示了两条路径，但实际上电流在整个罐顶顶部流动，并通过整
　　个罐周的环形密封。

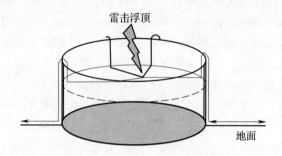

图 3 - 26　雷击浮顶的电流路径

注：快速高电流脉冲沿所有方向经浮顶流向边缘密封和分路，然后向上并在壳
　　体上流向地面（只有在罐顶较高时，这才有可能是一个雷击点）。

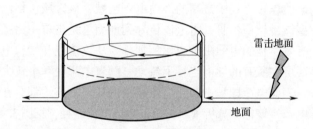

图 3 - 27　雷电通往浮顶储罐附近地面的电流路径

2014 年版 NFPA 780 也作了相同而稍细化的规定，在此就不列出了。

（二）我国的工作进展

自 2006 年 8 月 7 日中国石化管道公司南京输油处仪征输油站 16 号 $15 \times 10^4 m^3$ 原油外浮顶储罐发生雷击火灾后，我国大型浮顶储罐防雷技术研究就在持续进行。由于美国的两部标准都要求分路设于液面 0.3m 以下，安装、检测与维护较难操作，我国并未采纳该标准。中国石油天然气集团公司内推荐安装雷电分流及监控器，并纳入了其企业标准《外浮顶油罐防雷技术规范—第一部分 导则》Q/SY 1718.1—2014，其结构形式见图 3 - 28；

56

中国石油化工集团公司内推荐将分路安装在刮蜡器上，并通过导线与浮盘做等电位连接。具体情况可咨询相关部门，在此就不做论述了。

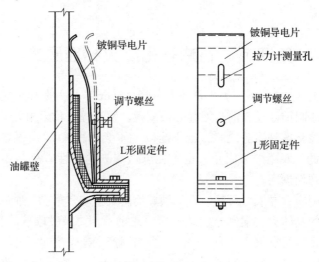

图 3 - 28　雷电分流器结构形式

五、小结

综上所述，现有大型外浮顶储罐的泄流手段对防直击雷作用有限，旁路导线截面积简单地由 $2 \times 25mm^2$ 改为 $2 \times 50mm^2$ 对防直击雷帮助不大。做好防雷，一是应分路泄流、旁路导线泄流并行，且降低接触电阻（如不大于 0.03Ω）；二是从选址规避着手；三是应从密封设置上着手，如采用浸油式软密封，如图 3 - 24 所示的泡沫塑料棒二次密封等。这些工作做好了，相信外浮顶储罐密封圈雷击火灾概率会显著降低。

另外，关于灭火救援人员担心登顶被雷击一事，一个云泡（对流云团）的总寿命约为 1h，而成熟有降水和闪电产生维持的时间约 15min 到 20min，即使遇上由几个云泡交替出现的持久的雷暴，一般也不会超过60min，可通过延长泡沫供给时间，并以断续供给泡沫的方式等待机会。密封圈火灾导致储罐全液面火灾可能性较低，尤其是降雨过程中。密封圈火灾也不大可能引发原油沸溢。

第四节　石油石化防火标准愿景

大连"7·16"大火、腾龙芳烃"4·6"重大爆炸火灾等桩桩事故眼前浮现，前车之鉴必须重视。适当提高我国相关工程的抗风险标准是当务之急，绝不能以"不会出事"、"出事概率极低"的乐观臆断来阻止，也不能以"属人为恶性事故"不在设防之列而搪塞。

国家领导人对石油、石化领域消防安全非常重视，通过最近发生的具体火灾案例分别做了指示或批示，要求吸取事故教训，提高企业抗御火灾能力，保障人身与财产安全。

国家发改委编制了《石化产业规划布局方案》（发改产业〔2014〕2208号），对今后一个时期的石化产业布局进行了总体部署，旨在通过科学合理规划，优化调整布局，从源头上破解产业发展的"邻避困境"，提高发展质量，促进民生改善，推动石化产业绿色、安全、高效发展。随后在国家发展改革委关于做好《石化产业规划布局方案》贯彻落实工作的通知（发改产业〔2015〕1047号）附件2中，对新建项目（基地）相关指标作了如下要求："新设立的石化产业基地应布局在地域空间相对独立、安全防护纵深广阔的孤岛、半岛、废弃盐田等区域，按照产业园区化、炼化一体化、装置大型化、生产清洁化、产品高端化的要求，统筹规划，有序建设，产业链设置科学合理，原油年加工能力可达到4000万吨以上，规划面积不小于40平方公里。物流条件优越，原油、成品油具有管道或船舶运输条件。原油和成品油罐区总能力达到600万立方米。陆域安全防护距离须符合国家标准，安全防护区内不得保留非关联常住居民、企业和产业。临水区必须设立防护沟，在充分考虑雨天叠加影响的前提下，防护沟和事故池总容量必须满足基地消防需要。"

工业和信息化部关于促进化工园区规范发展的指导意见（工信部原〔2015〕433号）中对布局原则作了如下要求："严禁在生态红线区域、自然保护区、饮用水水源保护区、基本农田保护区以及其他环境敏感区域内建设园区。新设立园区应当符合国家、区域和省市产业布局规划要求，在城市总体规划、镇总体规划确定的建设用地范围之内，符合土地利用总体规划和生态环境保护规划，按照国家有关规定设立隔离带，原则上远离人口密集区，与周边居民区保持足够的安全、卫生防护距离。"

公安部向国家有关部门及相关企业印发的《关于加强石油化工企业防火技术措施的意见》中，从提高防范与应对火灾能力等方面对石油库、石油储备库、石油化工企业、油品站场等做了要求。

国家领导人重视、各相关部门积极行动、业内专家学者献计出力，期待石油石化相关规范的设防标准得以提高，今后不再发生重大恶性事故，"风物长宜放眼量"。

第四章　泡沫灭火剂

第一节　泡沫灭火剂的由来与发展

泡沫灭火剂的发展始终贯穿于泡沫灭火技术的发展，泡沫灭火剂的沿革从一个侧面记载着泡沫灭火技术的发展轨迹，所以了解泡沫灭火剂的发展史，有益于我们了解或掌握泡沫灭火技术。

19世纪，随着石油工业的发展，石油及其产品火灾频发，传统灭火剂——水对其无能为力，所以人们从19世纪末就致力于开发扑灭液体可燃物火灾的方法和灭火剂。追溯历史，最早将化学泡沫作灭火剂见于1877年英国的一个专刊。1900年英国的劳伦特发明了由硫酸铝水溶液与碳酸氢钠及皂角草素水溶液发生化学反应而产生化学泡沫的灭火方法，被称为湿法化学泡沫，1904年用其扑灭了直径35英尺的石脑油储罐火。为方便使用，1925年英国的厄克特在湿法化学泡沫的基础上研制出了干法化学泡沫，在工业上得到了应用，直到20世纪70年代前在我国还可见西方列强遗留下的油罐化学泡沫灭火设施。干法化学泡沫分为酸、碱粉，使用时通过搅拌机按比例混入水中，尽管比湿法化学泡沫方便使用，可还是太复杂。1937年德国的萨莫发明了用天然蛋白质水解制取蛋白泡沫灭火剂的方法，泡沫灭火技术得到了里程碑式的发展，1939年德国的戴姆勒又研制出了金属皂型抗溶蛋白泡沫灭火剂。1954年英国的艾斯诺和史密斯发明了高倍数泡沫灭火剂。为了安全，在二次世界大战期间，英国用蛋白泡沫进行油罐液下喷射泡沫灭火试验，因蛋白泡沫疏油性差而未成功，出于技术需要开始研制新的泡沫灭火剂。美国获取英国的试验信息后也进行了该项技术的研究，1964 年图夫等人率先以氟碳表面活性剂和碳氢表面活性剂为基料成功研制出了普通水成膜泡沫灭火剂，该泡沫灭火剂表现出了灭火快、储存时间长及对灭火设备适应性强等卓越性能，被世界各国所认可。1965 年英国 ICI 公司采用向蛋白泡沫灭火剂中添加氟碳表面活性剂的手段开发出了氟蛋白泡沫灭火剂，克服了蛋白泡沫灭火剂的缺点并将灭火效力提高了一倍。1972 年美国人奇萨在普通水成膜泡沫灭火剂的基础上，添加了一种抗醇的高分子化合物，制成了抗溶水成膜泡沫灭火剂。20 世纪 70 年代末英国 Angus 公司以水解蛋白为基础，通过添加适宜的氟碳表面活性剂研制出了成膜氟蛋白泡沫灭火剂。

我国 20 世纪 60 年代前以化学泡沫为主，60 年代后才研制出蛋白泡沫。1972 年，为早日开发出氟蛋白泡沫，同时助力油罐泡沫液下喷射灭火技术应用，公安部将其中的氟碳表面活性剂研发工作下达给了中国科学院上海有机化学研究所，具体工作由其第六研究室承担，于 1974 年通过四氟乙烯齐聚法等开发出了"五聚体对氧苯磺酸钠"（$C_{10}F_{19}OC_6H_4SO_3Na$）与"四聚体对氧苯磺酸钠"（$C_8F_{15}OC_6H_4SO_3Na$）混合物氟碳表面活性剂，并完成了小试，产品代号"6201"。随后公安部将"6201"中试课题下达给天津消防研究所，经参加人数众多的科研团队不懈努力，完成中试课题。在此基础上研制出氟蛋白泡沫，完成了油罐液下喷射灭火试验等工作。此后又对蛋白、氟蛋白泡沫灭火剂的生产配方和工艺进行了改进，并陆续研制出了普通水成膜泡沫和抗溶水成膜泡沫、合成抗溶泡沫、抗溶氟蛋白泡沫、高倍数泡沫、成膜氟蛋白泡沫和抗溶成膜氟蛋白泡沫等泡沫灭火剂。

20 世纪 80 年代，在灭火系统方面，世界各国均已淘汰了化学泡沫，并且扑救石油火灾主要使用氟蛋白泡沫灭火剂和水成膜泡沫灭火剂。当时美国 3M 公司是全氟辛烷磺酸盐类（PFOS）氟碳表面活性剂及其水成膜泡沫灭火剂的主要生产商。但由于其电解法生产的全氟辛烷磺酸钠，在生产和使用环节都存在生物毒性和环保问题，3M 公司于 2000 年 5 月全球停售。PFOS 已列入《斯德哥尔摩公约》淘汰名录。目前所使用的氟碳表面活性剂大都为美国杜邦公司用乙烯调聚法生产的全氟己烷磺酸盐（PF-HS）。

在我国，因"6201"用量小，生产过程也存在毒性，已被全氟壬烯氧基苯磺酸钠（OBS）取代。

第二节　泡沫灭火剂的基本组分及其作用

泡沫灭火剂通常由发泡剂、稳泡剂、耐液添加剂、助溶剂与抗冻剂、其他添加剂等组成。氟蛋白与成膜类泡沫灭火剂还添加氟碳表面活性剂。

发泡剂是泡沫灭火剂中的基本组分，蛋白类泡沫的发泡剂为动物（主要是猪）毛与蹄角粒的水解蛋白；合成泡沫为各种类型的碳氢表面活性物质，日化品中常有应用，作用是使泡沫灭火剂的水溶液易发泡。水成膜泡沫灭火剂的发泡剂有用椰油酰胺丙基甜菜碱与烷基糖苷的；高倍数泡沫的发泡剂有丙二醇烷基醚、脂肪醇硫酸盐、脂肪醇聚氧乙烯醚硫酸盐等。

蛋白类泡沫的稳泡剂多为硫酸亚铁（$FeSO_4$），水成膜泡沫与高倍数泡沫的稳泡剂有用乙二醇丁醚的。稳泡剂的作用是提高泡沫的持水时间，增强泡沫的稳定性。

氟碳表面活性剂对氟蛋白泡沫来说是一种改良剂，起到降低泡沫表面、界面张力、增强泡沫流动性、改善泡沫疏油性等作用。我国先期使用的"6201"的五聚体分子结构式为：

62

目前使用的全氟壬烯氧基苯磺酸钠（OBS）分子结构式为：

$$F_3C \underset{2}{\underbrace{\left(C_3F_6 \right)}} \underset{O}{\overset{F}{\underset{|}{C}}} \overset{F}{\overset{|}{C}} \!\!-\!\!\left\langle \right\rangle\!\!-\!\! SO_3Na$$

　　因其分子结构原因，添加上述两种氟碳表面活性剂的泡沫灭火剂不具备在油品（碳氢化合物）表面成膜条件。目前普通水成膜泡沫灭火剂中添加全氟烷基甜菜碱 1157、含氟表面活性剂 1440 等复合氟碳表面活性剂，抗溶水成膜泡沫灭火剂中尚添加氟化表面活性剂 1460，这些都是美国杜邦公司通过乙烯调聚法生产的 6 碳氟表面活性剂产品。水成膜泡沫中的氟碳表面活性剂主要起灭火作用。判断成膜类泡沫是否成膜，国家标准《泡沫灭火剂》GB 15308 中采用表面张力、界面张力和扩散系数来衡量。

　　耐液添加剂主要应用于抗溶泡沫（Alcohol-Resistant Foams），一般为抗醇性高分子化合物（黄原胶），其作用是灭水溶性液体火灾时，泡沫析液中的高分子生物多糖能在水溶性液体表面形成胶膜，保护上面泡沫免受脱水而消泡。

　　助溶剂与抗冻剂一般为乙二醇、乙二醇丁醚、异丙醇等醇类或醇醚类物质，使泡沫灭火剂体系稳定、泡沫均匀、抗冻性好。

　　泡沫灭火剂中还有泡沫改进剂、防腐败剂、防腐蚀剂等添加剂。

　　所有泡沫灭火剂配成预混液后，有效期会大大缩短，尤其是蛋白类泡沫灭火剂，很快会腐败，所以通常应以原液状态储存。

　　蛋白、氟蛋白泡沫主要通过泡沫的遮盖作用将燃液与空气隔离实现灭火；水成膜泡沫灭火剂除了泡沫遮盖作用外，由于所用氟碳表面活性剂的表面张力较低，使泡沫析液能在所保护的烃类液体（石油）表面上形成一层具有隔绝空气和降温作用的防护膜，其灭火效力还依赖于其防护膜的牢固性。抗溶泡沫（抗醇泡沫）是通过在泡沫中的抗醇高分子多糖化合物（黄原胶）在水溶性液体燃液表面形成一层高分子胶膜，保护上面的泡沫免受水溶性液体脱水而导致的消泡，从而实现灭火。

高倍数泡沫主要是通过密集状态的大量高倍数泡沫封闭火灾区域，阻断新空气流入达到窒息灭火。中倍数泡沫的灭火机理取决于其发泡倍数和使用方式，当以较低的倍数用于扑救甲、乙、丙类液体流淌火灾时，其灭火机理与低倍数泡沫相同；当以较高的倍数用于全淹没方式灭火时，其灭火机理与高倍数泡沫相同。

由于泡沫析液基本是水，它同时伴有冷却作用，以及灭火过程中产生的水蒸气的窒息作用。

第三节　泡沫灭火剂分类

一、按发泡机制分类

泡沫灭火剂按发泡机制分为化学泡沫灭火剂和空气泡沫灭火剂。

化学泡沫灭火剂是利用化学反应的方法产生泡沫的，见如下化学反应方程式：

$$Al_2 (SO_4)_3 + 6NaHCO_3 = 2Al (OH)_3 + 3Na_2SO_4 + 6CO_2 \uparrow$$

空气泡沫灭火剂是利用泡沫产生装置吸入或吹进空气而生成泡沫的。空气泡沫灭火剂一般为液态，所以通常称其为泡沫液。目前还有利用空压机将空气充入泡沫混合液管道中发泡的，称其为压缩空气泡沫。我国还针对低沸点易燃液体开发了向泡沫混合液压力管道中注入七氟丙烷，而后释放到被保护储罐中发泡的灭火系统，称其为七氟丙烷泡沫系统。

二、空气泡沫灭火剂按发泡倍数分类

按发泡倍数分类，发泡倍数 20 以下的泡沫灭火剂称为低倍数泡沫灭火剂，发泡倍数 20~200 的称为中倍数泡沫灭火剂，发泡倍数高于 200 的称为高倍数泡沫灭火剂。

高倍数泡沫灭火剂与中倍数泡沫灭火剂一般共用，它是一种合成型泡沫灭火剂。按其适用水源情况分为耐海水型和不耐海水型，按发泡所适用的空气状况分为耐烟型和不耐烟型。目前尚无兼有耐温耐烟与耐海水两种功能高倍数泡沫灭火剂。

低倍数泡沫灭火剂按其适用燃烧物类型分为普通泡沫灭火剂和抗溶泡沫灭火剂。普通泡沫灭火剂主要适用于扑救非水溶性甲、乙、丙类液体火灾，它主要包括蛋白泡沫灭火剂（P）、氟蛋白泡沫灭火剂（FP）、水成膜泡沫灭火剂（AFFF）、成膜氟蛋白泡沫灭火剂（FFFP）等；抗溶泡沫灭火剂除具有普通泡沫灭火剂功能外，主要用于扑救醇、酯、醛、酮等水溶性甲、乙、丙类液体火灾，它主要有抗溶氟蛋白泡沫灭火剂（FP/AR），合成抗溶泡沫灭火剂（S/AR），抗溶水成膜泡沫灭火剂（AFFF/AR），抗溶成膜氟蛋白泡沫灭火剂（FFFP/AR）等。水成膜泡沫灭火剂按其适用水源情况分为耐海水型和不耐海水型。

三、按泡沫灭火剂的混合比分类

泡沫灭火剂与水混合后的溶液被称为泡沫混合液，泡沫灭火剂在泡沫混合液中的体积百分比被称为混合比。目前普通水成膜泡沫灭火剂常见的混合比类型有 6%、3% 及 1% 型等，蛋白类与抗溶泡沫灭火剂常见的混合比类型为 6%、3% 型。

第四节　泡沫灭火剂生产工艺与性能

一、蛋白类泡沫灭火剂

蛋白类泡沫灭火剂的发泡剂是动物（主要是猪）毛与蹄角粒的水解蛋白。目前蛋白泡沫的水解工艺有两种，一种是用火碱（NaOH）水解，之后添加盐酸（HCl 溶液）中和；另一种是用石灰 [Ca (OH)$_2$] 水解，之后添加 NH$_4$HCO$_3$ 脱 Ca^{2+} 与 OH$^-$ 离子。由于蛋白类泡沫的生产工艺相对复杂，生产者较少，尤其石灰水解工艺的生产者更少。前者中含强酸强碱盐，泡沫质量稍逊，沉降物较多、有效期较短且喷放后对环境有一定污染，但工艺较简单、对原材料品质要求稍低、生产成本低、售价低，基本用于内销。后者工艺较复杂且生产过程中有废渣排放、对原材料品质要求高、产出率低、泡沫质量较好、售价高，基本销往发达国家和地区。

蛋白类泡沫灭火剂包括蛋白泡沫、氟蛋白泡沫、成膜氟蛋白泡沫。蛋白泡沫就是在上述水解及中和后加入所需的添加剂制得，其泡沫流动性和疏油性差，灭火效能低。氟蛋白泡沫是在蛋白类泡沫基础上添加少量氟碳表面活性剂而成的，其表面与界面张力得到降低，泡沫流动性和疏油性得以提高，灭火性能也显著提高。成膜氟蛋白泡沫是在蛋白类泡沫基础上添加大量氟碳表面活性剂而成的，在油品表面有水成膜泡沫的成膜性，灭火性能高于氟蛋白泡沫。但该泡沫氟碳表面活性剂添加量不低于水成膜泡沫，且添加种类可能更多，环保性差。

二、合成类泡沫灭火剂生产工艺与性能

所谓合成泡沫灭火剂是指其配方中的主要原料是人工合成的，生产过程基本是物理过程。目前用于固定灭火系统的合成类泡沫灭火剂主要是水成膜泡沫灭火剂和高倍数、中倍数泡沫灭火剂。有关泡沫灭火剂的基本组分，本章第二节中已进行了介绍，由于碳氢表面活性剂种类繁多，各生产商的配方不尽相同。但都是按一定次序将配方中各组分溶解混合搅拌制成的。

由于水成膜泡沫灭火剂生产工艺简单，用量较大，我国现有50多家泡沫灭火剂生产商均有生产。因价格竞争，有些企业减少氟碳表面活性剂等的添加量，使得不少市售产品可能不合格。为了抑制这一现象泛滥，国家标准《泡沫灭火系统施工及验收规范》GB 50281—2006 规定：6% 型低倍数泡沫液用量不小于

7. 0t、3%型低倍数泡沫液用量不小于3. 5t，应送至具备相应资质的检测单位进行检测。但执行效果并不理想。

高倍数泡沫灭火剂的应用范围较窄，进一步拓展应用场所较困难，所以用量小，生产者也少，且相关生产商都未将其作为主打产品。另外，高倍数泡沫灭火技术作为一项较为成熟的技术很难再有新的突破，一些发达国家在20世纪80年代前基本完成了主要研发工作，我国在20世纪90年代后也基本停止了主要研发工作。因此，目前的高倍数泡沫灭火剂基本停留在20世纪八九十年代的技术水平。

三、抗溶泡沫灭火剂

抗溶泡沫（抗醇泡沫）是通过在普通泡沫中添加抗醇等高分子多糖化合物（黄原胶）等制成的。目前，抗溶泡沫有抗溶蛋白、抗溶氟蛋白、抗溶成膜氟蛋白、抗溶水成膜、抗溶合成泡沫。混合比有6%、3%型两种。

20世纪80年代前，我国曾使用过KR－765金属皂型抗溶泡沫灭火剂，它是经向水解蛋白液中添加金属皂络合物盐制成的。灭火效果不理想，对泡沫混合液输送管道长度限制在200m内。若过长，金属皂络合物会析出沉降，失去抗溶作用。为此，后来被淘汰。同一年代，公安部天津消防研究所分别研制出以黄原胶为抗醇剂的凝胶型抗溶泡沫灭火剂、抗溶氟蛋白泡沫灭火剂及抗溶水成膜泡沫灭火剂。目前少有应用的抗溶蛋白灭火剂也是添加黄原胶。

目前国内某企业还研发并量产了由氢氧化钙水解的蛋白液、6碳复合氟碳表面活性剂、稳泡剂、防腐剂等组成的3%型低黏度抗溶氟蛋白泡沫灭火剂（FP/AR－D），20℃时黏度为50mPa·s。但在2015年的公安部科技强警基础工作专项项目"水溶性可燃液体储罐泡沫灭火机理与技术研究"试验中，表现出对灭火液体的选择性，如何使用，有待相关规范修订时进一步讨论。

因抗溶泡沫液中添加黄原胶，其黏度较高，如某企业生产的AFFF/AR，20℃时，6%型动力黏度为550mPa·s，3%型为1000mPa·s，即3%型约为6%型的两倍。低温条件下，3%型抗溶蛋白、抗溶氟蛋白、抗溶成膜氟蛋白泡沫灭火剂难以用比例混合装置按额定比例混合成泡沫混合液。如果降低黏度，现通常减少黄原胶等高分子化合物添加量，并多添加乙二醇，但这会影响泡沫的稳定性和灭火性能。

四、泡沫灭火剂性能

为了保证质量，多数国家制订了泡沫灭火剂技术标准，对泡沫灭火剂的性能进行了规定。从工程应用方面主要关注泡沫倍数、析液时间、灭火时间、抗烧时间等泡沫的主要性能指标。低倍数泡沫与中、高倍数泡沫在检测试验方法、检测项目和指标上是有别的，详见有关标准。

国际上公认的泡沫灭火剂检测标准是 ISO 7203《灭火剂 泡沫液》系列标准，目前共包括有 3 个部分，即 ISO 7203—1《灭火剂 泡沫液 适用于非水溶性液体燃料顶部施加的低倍数泡沫液》、ISO 7203—2《灭火剂 泡沫液 适用于非水溶性液体顶部施加的中、高倍数泡沫液》及 ISO 7203—3《灭火剂 泡沫液 适用于水溶性液体顶部施加的低倍数泡沫液》。1994 年我国曾发布了国家标准《泡沫灭火剂通用技术条件》GB 15308—94，拟涵盖所有空气泡沫灭火剂，并取代中华人民共和国公安部标准《蛋白泡沫灭火剂和氟蛋白泡沫灭火剂技术条件及试验方法》GN 13~14-82，该标准实际上是借鉴了上述国际标准，但在灭火试验燃料上并未采用 ISO 7203—1 所用的正庚烷，而是采用 90#车用汽油，导致大部分产品不能通过灭火试验的检测。为此，我国另行制订了国家标准《水成膜泡沫灭火剂》GB 17427—98，灭火试验燃料采用橡胶工业用溶剂油（120#溶剂油）。此后，开始对国家标准《泡沫灭火剂通用技术条件》GB 15308 进行全面修订, 2006 年发布了更名的国家标准《泡沫灭火剂》GB 15308—2006, 从此形成了一部完整统一的泡沫灭火剂检测标准, 2009 年又发布了局部修订条文。由于正庚烷获取难度大, 该标准的灭火试验燃料采用橡胶工业用溶剂油。

依据现行标准, 低倍数泡沫灭火剂发泡倍数不小于 5 倍, 经验表明 7 倍为好; 25% 析液时间长表明泡沫液稳定。灭火时间短、抗烧时间长, 表明泡沫灭火性能好。国家标准《泡沫灭火剂》GB 15308—2006 的有关规定参见表 4 - 1。

就试验燃料的灭火难度而言, 正庚烷组分单一、馏程为 98.2 ~ 98.6℃、燃烧状态稳定, 而 120$^\#$ 溶剂油的馏程为 80 ~ 120℃, 后者灭火难度略大于前者。为此可以肯定, 在灭火试验方面通过国家标准《泡沫灭火剂》GB 15308—2006 检测的泡沫灭火剂, 一定能通过 ISO 与 UL162 标准检测, 换言之, 国内企业生产的合格泡沫灭火剂性能不低于国外厂家生产的产品。

表 4 -1　低倍数泡沫的灭火性能级别与抗烧水平

灭火性能级别	抗烧水平	缓施加泡沫试验		强施加泡沫试验	
		最大灭火时间	最小抗烧时间	最大灭火时间	最小抗烧时间
Ⅰ	A	不做此项试验		3	10
	B	5	15	3	不做此项试验
	C	5	10	3	
	D	5	5	3	
Ⅱ	A	不做此项试验		4	10
	B	5	15	4	不做此项试验
	C	5	10	4	
	D	5	5	4	
Ⅲ	B	5	15	不做此项试验	
	C	5	10		
	D	5	5		

关于泡沫灭火剂的贮存期（有效期），大多厂家对蛋白类泡沫和抗溶泡沫灭火剂承诺在要求的条件下储存期为 2 年，水成膜泡沫灭火剂为 8 年，高倍数泡沫灭火剂为 3 年。但实际工程储存条件下，受环境温度、湿度，密封条件等因素影响，会有差异。但对于质量好的蛋白类泡沫灭火剂，2 年有效储存期可能偏保守；在不利条件下水成膜泡沫灭火剂 8 年有效储存期可能值得关注。为此，应适时检查检测。

第五节　泡沫灭火剂适用范围与选择

业内的故有观点，常温常压下的可燃液体均能用空气泡沫灭火，在许多手册中可燃液体灭火方法一项中基本都将泡沫作为选项。然而，根据公安部天津消防研究所多年的研究与试验，揭示出不是所有的可燃液体都能用空气泡沫灭火。

一、普通低倍数泡沫适用范围

普通低倍数泡沫一般用于烃类液体火灾。但对于储存温度大于 100℃的高温可燃液体储罐是不能采用泡沫灭火的，如采用，不但无助于灭火，可能如第二章所述导致更大的灾难。有关油温的灭火试验，现只掌握公安部天津消防研究所联合有关单位开展的储存温度约 50℃原油储罐泡沫液下喷射灭火试验，所以现行国家标准《泡沫灭火系统设计规范》GB 50151—2010 对油品储罐泡沫液下喷射规定的油温为 50℃，超此温度应试验确定。

沸点低于 45℃、C5 及以下组分体积比大于 30% 的低沸点易燃液体储罐采用空气泡沫能控火，但不能灭火。对于车用汽油储罐在无罐壁冷却的条件下，可能也无法用空气泡沫彻底灭火。对于上述低沸点可燃液体储罐，公安部天津消防研究所会同杭州新纪元消防科技有限公司开发出了七氟丙烷泡沫灭火技术，且该技术履行完了所有市场准入程序。

由于水成膜泡沫灭火剂的渗透性强，对于 A 类火灾，它比纯水的灭火效率高，所以也适用于扑灭木材、织物、纸张等 A 类火灾。

二、抗溶泡沫适用范围

目前抗溶泡沫也属低倍数泡沫，依据国家标准《泡沫灭火剂》GB 15308—2006 规定，抗溶泡沫（抗醇泡沫）先在面积 $4.52m^2$（直径 2.4m）标准盘上进行 120# 溶剂油灭火试验，而后进行 $1.73m^2$（直径 1.48m）标准盘上进行丙酮灭火试验，两项试验均通过才算合格。从抗溶泡沫配方角度看，因添加黄原胶等抗醇高分子化合物，其泡沫抗烧性能得以增强。所以抗溶泡沫除适用水溶性可燃液体外，也适用于烃类液体。

如上所述，抗溶泡沫也不是适用于所有可燃液体，抗溶空气泡沫除了不能灭以上指出的可燃液体火灾外，也不能灭诸如环氧丙烷、乙醚、二乙胺等低沸点水溶性液体火灾，甚至都不能控火。

三、高倍数、中倍数泡沫适用范围

高倍数、中倍数泡沫的适用范围结合其灭火系统谈更准确，在高倍数、中倍数泡沫系统设计一章中有较准确的论述。泛泛而言，它适用于固体火灾、烃类液体火灾、煤矿矿井火灾、液化天然气泄漏后的控制。

四、泡沫灭火剂的选择

经过多年灭火试验，迄今 I A 及 I C 的水成膜泡沫灭火剂灭火效能最好，应为主要选项。然而，从环保方面考量，不能淘汰氟蛋白泡沫。从混合比类型方面，3% 型与 6% 型的效能也没有表现出差异。无论从使用方便，尤其是石油化工重特大火灾扑救方面，还是从降低生产、认证、物流成本方面，乃至从方便监管部门监管方面等，品种、规格越少越方便。所以对于烃类液体低倍数泡沫系统应选择3%型水成膜和氟蛋白泡沫液。

对于抗溶水成膜泡沫液，3%型的黏度为6%型的两倍。不过，2016年1月进行2015年公安部科技强警基础工作专项项目"水溶性可燃液体储罐泡沫灭火机理与技术研究"试验表明：在泡沫液为5℃的条件下，采用囊式压力比例混合装置和平衡式比例混合装置，能达到额定混合比，只是要求平衡式比例混合装置中的泡沫液泵吸头大一些，技术上不存在问题。3%型低黏度抗溶氟蛋白泡沫就更无任何障碍了。但对于添加黄原胶的抗溶氟蛋白泡沫液在10℃左右趋于硬化。综上，应选择3%型抗溶水成膜泡沫液或3%型低黏度抗溶氟蛋白泡沫。

有关高倍数、中倍数泡沫液，普通型的、耐海水型的、耐温耐烟型的，选择3%型泡沫液不存在任何技术问题。

某些设计或业主根据自己主观判断，对泡沫液流动点提出特殊要求。需要强调指出：泡沫液按正常工艺生产一般流动点多为 -10 ~ -7.5℃。如要求 -5℃以上通常无法正常生产；低于 -10℃，需要多添加乙二醇，这影响到泡沫的稳定性和灭火性能。国家标准《泡沫灭火剂》GB 15308—2006 规定泡沫液需要冻融后进行灭火试验，运输过程中的一次凝冻并不会导致泡沫液失效。储存温度一般在0~40℃，对于高寒地区，泡沫液应储存在有供热的室内。

第五章 泡沫系统设备与选择

泡沫系统设备分通用设备和专用设备。通用设备主要是消防水泵、控制阀门等其他水系灭火系统也使用的设备。本章只论述泡沫系统专用设备，通用设备在系统设计各章有相应要求。有关泡沫系统设备型号的编制及含义，公安部在1982年就此发布过公安行业标准《消防产品型号编制方法》GN 11—82，国家标准《泡沫灭火系统及部件通用技术条件》GB 20031—2005在其基础上做了拓展与修改，其型号由类、组、特征代号与主参数等部分组成。由于该国家标准引入了新概念，所包括的内容远超原公安行业标准，有关泡沫系统设备型号的编制及含义详见国家标准《泡沫灭火系统及部件通用技术条件》GB 20031。自2012年起，泡沫设备连同泡沫液都须进行3C认证方可上市销售。

第一节 泡沫比例混合器（装置）

泡沫比例混合器（装置）是泡沫系统的核心部件，其可靠与否、性能优劣关系到整个系统是否可靠，所以选择何种泡沫比例混合器（装置）需要标准制定者和工程设计者充分比较而定。目前固定式泡沫系统在用的比例混合器（装置）有环泵式比例混合器、压力式比例混合装置、囊式压力式比例混合装置、平衡式比例混合装置、计量注入式比例混合装置、泵直接注入式比例混合装置等几种。下面对几种泡沫比例混合器（装置）的工作原理、特点、适用条件等方面加以论述，以达到优胜劣汰之目的。

一、环泵式泡沫比例混合器

(一) 工作原理

环泵式比例混合器是第一代产品，如图5-1所示，它固定安装在泡沫混合液泵的旁路上，进口接泡沫混合液泵的出水管、出口接泵的进水管，泵工作时大股液流流向系统终端，小股液流回流到泵的进口。利用文丘里管原理，当回流的小股液流经过比例混合器时，在其腔内形成一定的负压，泡沫液储罐内的泡沫液在大气压力作用下被吸到腔内与水混合，再流到泵进口与水进一步混合，如此循环往复一定时间后其泡沫混合液的混合比达到产生灭火泡沫要求的正常值，其流程如图5-2所示。

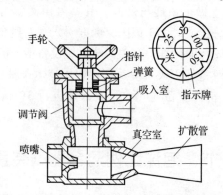

图5-1 环泵式比例混合器

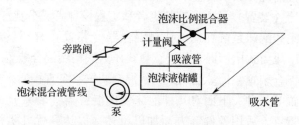

图5-2 环泵比例混合流程

（二）现有产品规格及主要性能参数

环泵式比例混合器的规格及主要性能参数见表 5 – 1。

表 5 –1　环泵式泡沫比例混合器的主要性能参数

型号	PH32					PH48				PH64			
混合液流量（L/s）	4	8	16	24	32	16	24	32	48	16	32	48	64
泡沫液流量（L/s）	0.24	0.48	0.96	1.44	1.92	0.96	1.44	1.92	2.88	0.96	1.92	2.88	3.84
进口工作压力（MPa）	0.60 ~ 1.40												
出口工作压力（MPa）	0.00 ~ 0.05												

（三）适用范围

环泵式泡沫比例混合器适用于建有独立泡沫消防泵站的单位，且储罐规格较单一的甲、乙、丙类液体储罐区。

（四）特点

1. 结构简单、配套的泡沫液储罐为常压储罐，工程造价低。

2. 影响混合比精度的因素太多，主要有泡沫混液泵进出口压力、泡沫液储罐液面与比例混合器高差等方面。泵进口压力由泵轴心与水池、水罐等储水设施液面高差决定，进口压力愈小，在一定范围内混合比愈大，反之混合比愈小，零或负压较理想；进口压力一定时出口压力愈高，在一定范围内混合比愈高，反之愈小；在重力的作用下，泡沫液储罐液面愈高混合比愈高，反之愈小。根据实测，消防储水设施采用地面水罐时，不能采用环泵式泡沫比例混合流程。因影响因素多，环泵式比例混合流程其旁路回流量至今没有准确数据。系统设计时，设计者难以把握这些

75

影响因素，使混合比往往不能有效控制。

3. 系统泡沫液储罐与储水设施一般都存在液面高差。当泡沫液液面高于水液面时操作不慎泡沫液会流到水中；反之水会流到泡沫液储罐中。这两种现象实际中均发生过，为避免此类现象，设置了相关阀门，不利于自动操作。

（五）设置要求

国家标准《泡沫灭火系统设计规范》GB 50151—2010 中规定了设置要求，但因设计者较难把握，自 20 世纪 90 年代末其逐渐淡出了固定式系统。

二、无囊式压力比例混合装置

（一）工作原理

无内囊的压力比例混合装置是压力比例混合装置的早期产品。如图 5 - 3 所示，它是利用孔板或文丘里管使进水口与出液口间形成压差，用水置换出泡沫液，并自比例混合器处与水按比例混合成泡沫混合液。

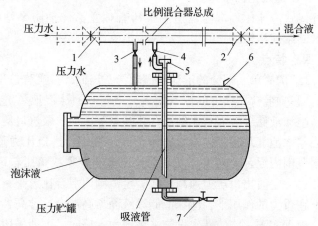

图 5 - 3　压力比例混合装置
1—进口阀；2—出口阀；3—进水阀；4—出液阀；
5—加注泡沫液法兰盖；6—排气阀；7—排污阀

（二）特点与设置要求

1. 构思巧妙、结构简单、造价低廉。

2. 便于安装且利于自动。

3. 泡沫系统工作时，为避免水与泡沫液混合，要求水必须从泡沫液液面充入。因此，它只适用于密度较高的蛋白类泡沫液，于是国家标准《泡沫灭火系统设计规范》GB 50151—2010规定泡沫液密度大于 1.12g/mL 时方能选择该比例混合装置。由于该比例混合装置工作时，泡沫液与水直接接触，一次未用完不能再用，不便于系统调试及日常试验等。所以，目前该比例混合装置基本无人采用。

三、囊式压力比例混合装置

囊式压力比例混合装置克服了无内囊的压力比例混合装置之弱点，如图 5-4 所示，它用内囊将水与泡沫液隔开，保证了未用完的泡沫液可再用。

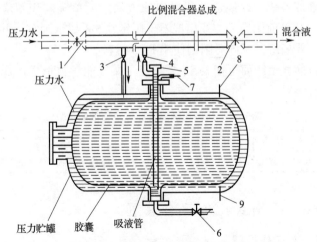

图 5-4　囊式压力比例混合装置

1—进口阀；2—出口阀；3—进水阀；4—出液阀；5—加注泡沫液法兰盖；

6—排气阀；7 胶囊排气阀；8—水腔排气阀；9—排水阀

囊式压力比例混合装置是工厂生产的由比例混合器与泡沫液储罐组成一体的独立装置，因该装置结构巧妙、设计与安装及使用方便、配置简单、利于自动控制而被广泛应用。它适用于全厂统一供高压或稳高压消防给水的石油化工企业，尤其适用于分散设置独立泡沫站的石油化工生产装置区。适用于低倍数泡沫系统，也可用于集中控制流量基本不变的一个或多个防护区的全淹没和局部应用高倍数泡沫系统。

因胶囊一旦破漏系统就将瘫痪，对其内囊要求较严。目前用于内囊的材料有三种。一是由天然橡胶配丁腈、氯丁等合成橡胶与涤纶纺织物制成；二是由氯丁橡胶与夹腈纶布制成；三是由聚氯乙烯（PVC）与涤纶制成。第一种以天然橡胶为主，其抗老化、抗折叠及耐低温性能较好，得到相关检测数据证实。

由于工程应用中存在为数不少的破囊案例，国家标准《泡沫灭火系统设计规范》GB 50151—2010 对该比例混合装置并未制订推荐条款，并规定选用时泡沫液储罐的单罐容积不应大于 $10m^3$。从目前国内外应用情况看，限定在 $5m^3$ 以下为宜，并限制用于主要场所，且内囊限制使用 PVC 材料。

目前，生产商可在表 5 – 2 规定主要性能参数下生产压力比例混合装置。

表 5 – 2 压力比例混合装置主要性能参数

压力范围（MPa）	混合液流量（L/s）	压 力 损 失
0.6 ~ 1.6	2 ~ 120	与生产商公布值偏差不超过 ± 10%

四、平衡式比例混合装置

（一）工作原理

平衡式比例混合装置分为分体式与一体式两种。图 5 – 5 所示为分体式，图 5 – 6 所示为一体式。

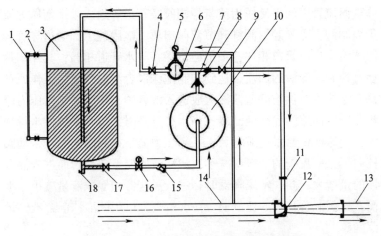

图5-5　分体式平衡式例混合装置原理图

1—液位计；2—液位计阀；3—泡沫液储罐；4—回流阀；5—压力表；6—平衡阀；
7—止回阀；8—止回阀；9—出液阀；10—泡沫液泵；11—节流孔板；
12—比例混合器；13—混合液出口管；14—消防水进口管；
15—Y型过滤器；16—电动球阀；17—出液阀；18—排污阀

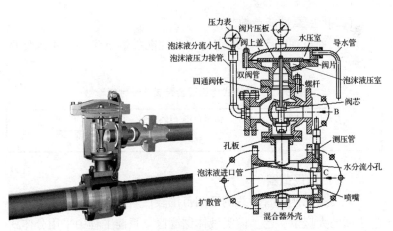

图5-6　一体式平衡比例混合装置

79

分体式平衡比例混合装置由泡沫液泵、混合器、多安装在泡沫液回流管上的平衡压力流量控制阀及管道等组成。平衡压力流量控制阀由隔膜腔、阀杆和节流阀组成，隔膜腔下部通过导管与泡沫液泵出口管道相连，上部通过导管与水管道相通，其作用是通过控制泡沫液的回流量达到控制泡沫混合液混合比。工作原理是，泡沫液泵供给的泡沫液大股进入混合器，小股经平衡压力流量控制阀回流到泡沫液储罐，当水压升高时，说明系统供水量增大，泡沫液供给量也应增大，平衡压力流量控制阀的隔膜带动阀杆向下，节流阀的节流口减小，泡沫液回流量减小，而进入混合器的量增大；同理水压降低时，进入混合器的泡沫液量减小。平衡式比例混合装置的比例混合精度较高，适用的泡沫混合液流量范围较大。

一体式平衡比例混合装置是指平衡压力流量控制阀与混合器安装成一体。它不设泡沫液回流管，利用消防水泵压力升高流量降低的机制，通过平衡阀直接控制进入混合器的泡沫液流量方式来控制泡沫混合液的混合比。我国20世纪80年代末开发了一体式平衡比例混合装置。

（二）主要性能参数

生产商可在表5-3规定的主要性能参数下生产平衡式比例混合装置。

表5-3　平衡式比例混合装置主要性能参数

压力范围（MPa）	流量范围（L/s）	压力降
0.5~1.0	5~120	不大于20%

（三）适用范围

平衡式比例混合装置的适用范围较广，尤其设置若干个独立泡沫站的大型甲、乙、丙类液体储罐区。目前工程中采用分体式的较多，一体式的应用少些。

(四) 存在问题

为了泡沫系统可靠，国家标准《泡沫灭火系统设计规范》GB 50151 规定设置备用泵，另为应对雷击失电同时规定设置备用动力源。但在这方面，国家标准《泡沫灭火系统及部件通用技术条件》GB 20031 做了工程标准应做的事，它要求主用与备用泡沫液泵及其驱动设备等做成一体进行检测认证。动力源现有电动机、水轮机、柴油机等，按此要求，再加上不同压力、流量，平衡式比例混合装置撬块有太多种规格。目前的状况是，生产商每生产一套就须进行一次 3C 认证。

采用佩尔水斗式水轮机驱动泡沫液泵时，配用 3% 型泡沫液条件下，水轮机向外泄水量大于系统供水量的 15%；若配用 6% 型泡沫液，供水系统难以满足要求。问题已显现，为此有用户将水轮机更换成其他动力源。采用柴油机时，由于泡沫液泵所需驱动功率较小，大都配置农用柴油机。如果平衡式比例混合装置设置在封闭建筑内故障会小些；如果设置在非封闭建筑中，极可能难以发动。问题也已显现，有的反复发生无法启动的故障，反复维修。因此，修订中的《泡沫灭火系统技术标准》，对于某些重要场所可能规定动力源为一电动机加一涡轮式水轮机或涡轮式双水轮机的组合。

五、计量注入式比例混合装置

计量注入式比例混合装置是美国企业开发的，主要用于消防车，在固定系统上少有应用。该装置是利用在线流量计将系统流量数据传输到一台电控器上，由电控器控制泡沫液泵输出量来保持既定的混合比的装置，运行时不受水压影响。现有几种形式，图 5 -7 是其中之一。修订中的现行国家标准《泡沫灭火系统及部件通用技术条件》GB 20031 将纳入此种比例混合装置。但现行相关国家产品标准尚未涵盖，还未进行 3C 认证。因其结构复杂，对设计、安装、调试、维护管理人员的技术能力要求较高。因此，不宜在固定系统中使用。

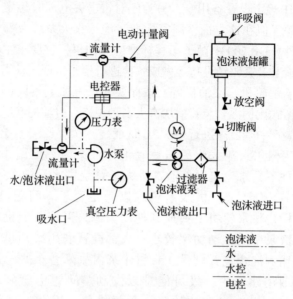

图 5 - 7　典型计量注入式比例混合装置流程图

六、泵直接注入式比例混合装置

泵直接注入式比例混合装置更准确地说应该是一种泡沫比例混合流程，只是因欧洲某国家将滑片式或透平叶片水轮机和容积式泡沫液泵及管件等组装成一体而命名为装置，见图 5 - 8 ~ 图 5 - 10。该装置由消防压力水驱动其水轮机拖动泡沫泵将泡沫液注入水轮机出口水管道中，使泡沫液与水按比例混合成泡沫混合液。消防水管内径恒定条件下，水压越高、水流量越大、水轮机转速越快、泡沫液注入量也就越大，即其混合比自动调节。该比例混合装置最大优势在于：一是不向外泄水；二是结构简单、紧凑。

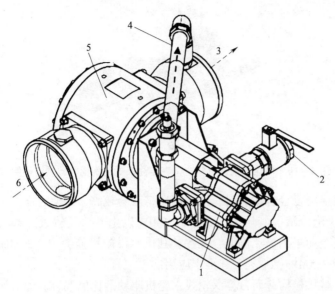

图5-8 滑片泵驱动注入式比例混合装置结构图

1—泡沫液泵；2—泡沫液进口；3—泡沫混合液；4—泡沫液管路；
5—水轮机；6—压力水

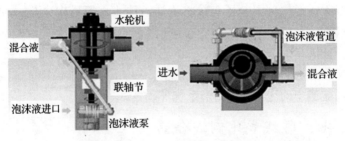

图5-9 滑片泵驱动注入式比例混合装置工作原理图

目前，滑片泵驱动注入式比例混合装置在我国已有工程应用，但我国现行产品标准与工程标准都未提及该产品，其3C认证按平衡式比例混合装置对待。涡轮式水轮机驱动泵直接注入式比例混合装置在我国尚未应用。为降低摩擦功耗，滑片泵的滑片

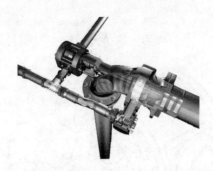

图 5 - 10　涡轮式水轮机驱动泵直接注入式比例混合装置结构图

材料应为复合合成材料，滑槽制造精度会较高，即使这样，采用 3% 型泡沫液，其压力损失在 0.3MPa 以上，功耗较大。若大型石化企业采用该比例混合装置，其供水设施可能会由 1.6MPa 提高到 2.5MPa，不利于其推广应用。

　　就机械构造而言，涡轮式水轮机驱动的比例混合装置对加工制造条件不会太苛刻，压损失不超过进口水压的 20%，甚至更低，应用前景乐观。

　　另外，采用扬程、流量相匹配消防供水泵与泡沫液泵，泡沫液泵无需经比例混合器直接将泡沫液注入水管道中也是一种选项。该流程中的消防供水泵与泡沫液泵的压力—流量曲线基本平行，能满足一定的流量范围。该流程特别适用于保护面积一定的场所，如均为相同形式与容量的甲、乙、丙类液体储罐区、城市交通隧道中的泡沫 - 水雨淋系统等。

七、管线式比例混合器

　　管线式比例混合器与环泵比例混合器的工作原理相同，均是利用文丘里管的原理在混合腔内形成负压，在大气压力作用下将容器内的泡沫液吸到腔内与水混合。不同的是管线式比例混合器直接安装在主管线上。管线式比例混合器的结构如图 5 - 11 所示。管线式比例混合器的混合比精度通常不高，压力损失在

35%以上，一般不用于固定式泡沫系统中，其主要用于移动式泡沫系统，或与泡沫炮、泡沫枪、泡沫产生器装配一体使用。

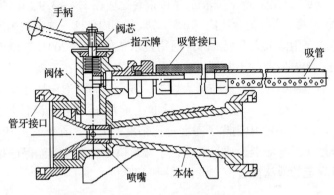

图 5 – 11　管线式比例混合器

八、比例混合器（装置）的选择

目前泡沫比例混合器（装置）有多种，表面上看似乎设计使用可多样化选择。但如上所述，某些类型已经显现出这样或那样难以克服的问题，给用户造成隐患，已经淡出市场，并且随着技术进步淘汰落后产品是各行业的普遍选择。按照安全可靠、技术成熟、方便使用的原则，从混合比角度应推荐 3% 型比例混合装置；从结构形式方面应推荐平衡式、泵直接注入式（修订后的产品标准将滑片泵驱动的称为"机械泵入式"），囊式压力比例混合装置还可使用，但应对其应用场所进行限定，如可用于闭式泡沫 – 水喷淋系统、单罐容量小于 5000m³ 的四级及以下石油库与油品站场等。

泡沫比例混合装置的混合比精度问题，2000 年版《低倍数泡沫灭火系统设计规范》GB 50151—92 曾借鉴过美国消防协会标准 NFPA 11 *Standard for Low – , Medium – , and High – expansion Foam* 规定："所选用的泡沫比例混合器应能使泡沫混合液在设计流量范围内的混合比不小于其额定值，也不得大于其额定值的 30%，且实际混合比与额定混合比之差不得大于 1 个百分点。"其含义是，3% 泡沫液，实际混合比应在 3% ~3.9% 范围内；6% 泡沫液，实际混合比应在 6% ~7% 范围内。这一规定被国家产品标准《泡沫灭火系统及部件通用技术条件》GB 20031—2005 所采纳。随着研究的不断深入，一些固有的认识也在改变。混合比低影响泡沫的稳定性能与灭火性能，混合比高对泡沫性能并无不利影响。根据这一观点，国家标准《泡沫灭火系统设计规范》GB 50151—2010 中删除了对混合比精度的要求，在工程应用时，系统泡沫混合液混合比只要不低于额定值，且泡沫液能保证相关规范规定的泡沫混合液连续供给时间即可。

第二节　泡沫液储罐

一、泡沫液储罐分类与基本配置

泡沫液储罐按承压情况不同分有常压储罐和压力储罐两种。在推荐的泡沫比例混合装置中，平衡式与泵直接注入式泡沫比例混合装置配套的泡沫液储罐为常压储罐，囊式压力泡沫比例混合装置配套的泡沫液储罐为压力储罐。所谓压力储罐，平时储存泡沫液状态下也是常压，只是泡沫系统工作时向内充入压力水置换泡沫液，国家质检总局发布的《固定式压力容器安全技术监察规程》TSG R0004—2009 中并未涵盖它，设计与制造也不应执行国家标准《固定式压力容器》GB 150—2011，而应将其纳入相关消防产品标准。

在常压储罐上应设置加液孔、人孔、出液管、放空管或排渣孔、溢流管、取样孔、呼吸阀或带控制阀的通气管及液位计等。在压力储罐上应设安全阀、排渣孔、进料孔、人孔和取样孔等。泡沫液储罐上应有显示储罐有效容量与剩余量、泡沫液类型及有效期、生产与充装日期的标识。

二、泡沫液储罐材质

根据第四章论述，蛋白类泡沫液中含有无机盐、少量碳氢与氟碳表面活性剂及其他添加剂，尤其是氢氧化钠（NaOH）水解蛋白含有强酸强碱盐，储存过程中对一般金属有很强的腐蚀作用，因防腐效果甚微，通常不推荐储罐用碳钢焊制后喷防腐涂料的做法，应采用不锈钢、聚四氟乙烯等材料制作或衬里。水成膜泡沫液含有较大比例的碳氢表面活性剂与氟碳表面活性剂以及有机溶剂，长期储存时，碳氢表面活性剂和有机溶剂不但对金属有腐蚀作用，而且对许多非金属材料也有很强的溶解、溶胀和渗透作用，若泡沫液储罐内壁的材质不能满足要求，会大大缩短泡沫液储罐的使用寿命。

另外，某些材料对泡沫液的性能有不利影响，尤其是碳钢对水成膜泡沫液的性能影响最大。水成膜泡沫液长期与碳钢接触时，其铁离子会使氟碳表面活性剂变质，所以不得将泡沫液与碳钢储罐直接接触。碳氢表面活性剂和有机溶剂溶解的许多非金属材料分子或离子进入泡沫液中也会影响其性能。所以在选择泡沫液储罐内壁材质时，应特别注意是否与所选泡沫液相适宜，否则，会显著缩短泡沫液的有效储存期，降低灭火效果。为此水成膜泡沫液用囊式比例混合装置储存保证不了 8 年有效期。

第三节　泡沫产生装置

将空气混入并产生一定倍数空气泡沫的设备称为泡沫产生装置。泡沫产生装置分为吸气型和吹气型，低倍数泡沫产生器和部分中倍数泡沫产生器是吸气型的，高倍数和部分中倍数泡沫产生器是吹气型的。

吸气型泡沫产生装置由液室、气室、变截面喷嘴或孔板、混合扩散管等部分组成。其工作原理是基于紊流理论，当一股压力泡沫混合液流经喷嘴或孔板时，由于通流截面的急剧缩小，液流的压力位能迅速转变为动能而使液流成为一束高速射流。射流中的流体微团呈无规则运动，当微团横向运动时，与周围空气间相互摩擦、碰撞、参混，将动量传给与射流边界接触的空气层，并将这部分空气连续挟带进入混合扩散管，形成气 - 液混合流。由于空气不断被带走，气室内形成一定负压，在大气压作用下外部空气不断进入气室，这样就连续不断地产生一定倍数的泡沫。

一、横式、立式泡沫产生器

安装在钢制立式储罐上的泡沫产生器有横式、立式泡沫产生器两种，见图 5 - 12，图 5 - 12（a）为横式泡沫产生器，图 5 - 12（b）为立式泡沫产生器。带压的泡沫流将密封冲开，进入储罐施加到燃液表面或施加到浮顶储罐的密封上。泡沫产生器中的密封是用来防止易燃气体外溢的，目前多采用密封玻璃，有的在运输、安装过程中就破碎了，有的在工作压力下不破碎，有的用在低压储罐上出现密封不严密等问题，使得其他密封形式应运而生。滤网是用来防止杂物进入的，发现杂物堵塞时要及时加以清除。因此，泡沫产生器的安装位置要便于管理人员维护检查。

（a）横式产生器 　　　　　　（b）立式产生器

图 5 - 12　泡沫产生器

（一）横式泡沫产生器

横式泡沫产生器水平安装在储罐上（图5-13），出口采用法兰连接不小于1m的直管段，进口与管道螺纹连接，一般采用铸铁铸造而成，少数采用不锈钢，我国有PC4、PC8、PC16、PC24四种规格，额定工作压力为0.5MPa，发泡倍数大于5倍。由于安装特点，在储罐受到爆炸冲击时，横式泡沫产生器会受到冲击力矩作用，再加上其进口连接比较脆弱，采用的材料韧性较差，使得该类型的产生器极易遭到破坏。即便是在相对安全的外浮顶储罐，横式产生器也具有被破坏的风险。如2010年3月，宁波镇海某$10 \times 10^4 m^3$原油储罐因雷击引起密封圈内的油气爆炸着火，泡沫堰板约80%向储罐中心倾倒（图5-14），储罐上12个横式泡沫产生器有11个遭到破坏（图5-15）。显然，对于泡沫产生器设在浮顶上的储罐，爆炸将会对泡沫系统造成更严重的破坏。另外，实际工程中因设计方不熟悉，有许多危险安装。

图5-13　横式泡沫产生器安装方式

（二）立式泡沫产生器

立式泡沫产生器多为钢制的，少数用奥氏体不锈钢，韧性较好。其泡沫室和产生器本体有一体式的，也有分体式的，目前我国已基本采用一体式立式泡沫产生器。由于它在储罐上铅垂安装，

图 5-14　被破坏的泡沫堰板

图 5-15　被破坏的泡沫产生器

和其他管道均采用法兰连接，受力明显比横式泡沫产生器合理，国家标准《泡沫灭火系统设计规范》GB 50151—2010 为此推荐选用立式泡沫产生器，其安装方式见图 5-16。为保证其在储罐爆炸中不被损毁，其零部件的公称压力应为 1.6MPa。

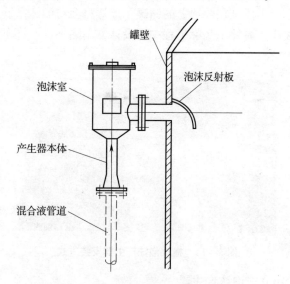

罐壁

泡沫室

泡沫反射板

产生器本体

混合液管道

图 5-16　立式泡沫产生器安装示意图

（三）泡沫产生器主要性能参数

泡沫产生器的主要性能参数见表 5-4。

表 5 - 4　泡沫产生器主要性能参数

进口压力范围（MPa）	混合液流量（L/s）	发泡倍数	析液时间（min）
0.3 ~ 0.7	4、8、16、24、32、64	≥5	≥2

注：如采用水成膜泡沫液，25% 析液时间 ≥ 1.5min；如采用抗溶性泡沫液，25% 析液时间 ≥ 3min

（四）泡沫产生器的选择

横式泡沫产生器在我国是 20 世纪 70 年代技术革新的产物，随着其大量推广应用，暴露出抗储罐爆炸破坏能力差的特点，特别是近 30 年来我国石油化工业的快速发展，储罐的容量与数量是以前无法比拟的，随之而来的储罐火灾显著增多，横式泡沫产生器部分或全部被破坏的案例比比皆是。而我国现在许多固定顶储罐、按固定顶储罐对待的内浮顶储罐还在应用横式泡沫产生器。从目前火灾案例来看，即便是浮顶储罐，采用横式泡沫产生器也有被破坏的风险。因此，全面淘汰横式泡沫产生器已显得刻不容缓。所以，设计应选用钢制立式泡沫产生器。

二、液下喷射空气泡沫产生器（以往称高背压泡沫产生器）

液下喷射空气泡沫产生器是为液下或半液下喷射泡沫系统配套安装的一种低倍数泡沫产生装置，如图 5 - 17 所示。以往之所以称为高背压泡沫产生器，是相对液上喷射的横式、立式泡沫产生器而言的，它释放的泡沫要克服泡沫管道的阻力和罐内液体静压力，而不是直接在大气压下释放泡沫。我国有 PCY8（PCY450）、PCY16（PCY900）、PCY24（PCY1350）、PCY32（PCY1800）四种，括号内为某些生产商使用的新型号，其数字的含义为泡沫混合液额定流量（L/min）。我国生产的产品的额定进口压力为0.7MPa，最大出口压力约为0.2MPa。其主要性能参数见表5-5。

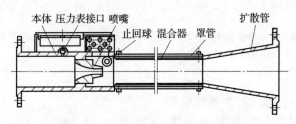

图5-17　液下喷射空气泡沫产生器

表5-5　液下喷射空气泡沫产生器主要性能参数

工作压力 （MPa）	混合液流量 （L/min）	背压 （MPa）	发泡倍数	25%析液时间 （min）
0.6~1.0	450~1800	0.035~0.3	2~4	≥1.5

随着我国立式钢制储罐的大型化、浮顶化以及液下喷射系统自身存在的较突出的问题，液下喷射系统的应用逐渐减少，液下喷射空气泡沫产生器的应用也就随之减少。有关话题，见储罐区低倍数泡沫系统设计一章。

三、高倍数泡沫产生器

高倍数泡沫产生器是高倍数泡沫系统中产生并喷放高倍数泡沫的装置。其发泡原理是，有压泡沫混合液通过喷嘴以雾化形式均匀喷向发泡网，在网的内表面上形成一层混合液薄膜，由风叶送来的气流将混合液薄膜吹胀成大量的气泡（泡沫群），见图5-18。

目前，按驱动风叶原动机类别，高倍数泡沫产生器分为电动式和水力驱动式两种。

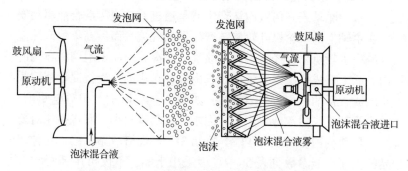

图 5 – 18　高倍数泡沫产生器发泡原理图

（一）电动式高倍数泡沫产生器

电动式高倍数泡沫产生器是由电动机驱动风扇叶轮旋转鼓风发泡的。当泡沫混合液进入产生器的混合液管组，同时启动电动机执行机构，打开多叶调节阀，使外界新鲜空气进入产生器。电机随后启动、叶轮旋转，使空气吹动从雾化喷嘴均匀喷在发泡网上的泡沫混合液，产生高倍数泡沫。使用后，应先停止供给泡沫混合液，再停止供风，关闭多叶调节阀。电驱高倍数泡沫产生器通常是大规格的，我国现有固定系统产品只有 PF20 型一种规格，其主要性能参数见表 5 – 6。因它发泡倍数较高、发泡量较大，主要用于大范围防护区。因电动机不耐火，不能装在防护区内，必须利用新鲜空气发泡，并必须配导泡筒。电动式高倍数泡沫产生器也适用于局部应用式或移动式高倍数泡沫系统。

表 5 – 6　PF20 型高倍数泡沫产生器主要性能参数

型号	泡沫混合液流量 （m³/min）	喷嘴处工作压力 （MPa）	发泡量 （m³/min）	发泡倍数	电动机功率 （kW）
PF20	1.35 ~ 1.50	0.2	800 ~ 1000	600 ~ 1000	17

（二）水力驱动式高倍数泡沫产生器

水力驱动式高倍数泡沫产生器是通过有压泡沫混合液驱动安装在主轴上的水轮机叶轮旋转产生运动气流，而后高倍数泡沫混合液由水轮机出口经管道进入喷嘴，以雾状喷向发泡网，在网的内表面上形成一层混合液薄膜，由风叶送来的气流将混合液薄膜吹胀成大量的气泡（泡沫群），如图 5-19 所示。相对电驱的，水力驱动式高倍数泡沫产生器因水轮机功率较小，其规格相对要小，目前我国有 PFS3、PFS4 和 PFS10 等规格产品。综合几种产品的主要性能参数见表 5-7。因采用水驱，不仅可用新鲜空气发泡，也可用热烟气发泡。另有一种本身装配有负压比例混合器和吸液管的水驱产生器，其工作原理是将系统供给的一部压力水注入水轮机用以驱动转轮，另一部分压力水进入比例混合器用以吸取高倍数泡沫液，然后进入水轮机的压力水与出自比例混合器的泡沫混合液汇合，并进一步混合后由喷嘴以雾状喷向发泡网。

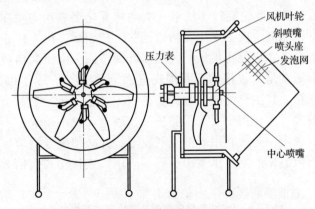

图 5-19　水力驱动式高倍数泡沫产生器

表 5-7　水力驱动式高倍数泡沫产生器主要性能参数

产生器进水口压力（MPa）	水流量（L/min）	发泡量（m³/min）	发泡倍数
0.3~1.0	150~300	100~200	500~800

四、中倍数泡沫产生器

吹气型中倍数泡沫产生器与高倍数泡沫产生器的发泡原理相同，我国也曾开发出某一规格产品，但因应用场所难觅，基本未投入生产。

吸气型中倍数泡沫产生器的发泡原理与低倍数泡沫产生器的原理相同，参见图5-20。吸气型的发泡倍数要低于吹气型，在我国有少数生产商生产采用合成泡沫的便携式产生器，作为辅助移动灭火设施使用。

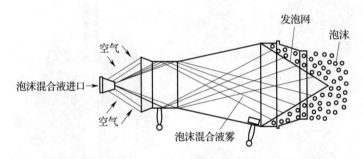

图5-20　吸气型中倍数泡沫产生器发泡原理图

前文已经论述过我国曾使用过基于氟蛋白泡沫的中倍数泡沫系统，因市场选择，相关产品生厂商可能已不存在，也就谈不上进行3C产品认证了，再具体论述其产品也无意义。修订中的《泡沫灭火系统技术标准》届时可能会删除相关条文。

目前俄罗斯还推广中倍数泡沫系统，某生产商生产的"暴雪"商标的产品品种、规格多样化，涵盖了储罐固定系统、便携式产生器、泡沫枪、拖挂与车载泡沫炮等，可以说一应俱全。依作者多年试验研究与经验认为，立式甲、乙、丙类液体储罐固定泡沫系统还应选择低倍数泡沫，且发泡倍数6~8的成膜类或氟蛋白类泡沫灭火效能最佳。

五、泡沫喷头

泡沫喷头用于泡沫喷淋灭火系统。该喷头有吸气型和非吸气型两种。吸气型泡沫喷头带有吸气口，第一代泡沫喷头因其体积大、物耗高，被图 5 – 21 所示的第二代小体积喷头取代。非吸气型泡沫喷头不能吸入空气，喷头喷洒出雾状泡沫混合液滴，在空气中混入空气产生一定倍数的泡沫，这种喷头多使用洒水喷头或水雾喷头。

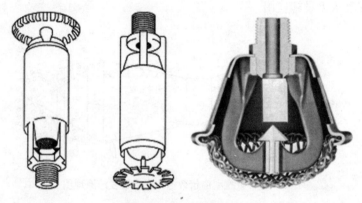

图 5 –21　泡沫喷头

六、泡沫炮

泡沫炮按安装方式分为固定式与移动式两种。固定式泡沫炮是安装在固定支座上的；移动式泡沫炮是安装在可移动支座上的，包括车载式、拖车式、手抬式等。

固定式泡沫炮通常应能在水平和铅垂两个方向上进行摆动，控制其摆动的方式分为手动控制、电动控制、液动控制、气动控制等。手动泡沫炮要就地进行控制；电动、液动、气动泡沫炮可实现有线或无线远距离控制，所以又称它们为远控炮。远控炮以电驱动、液压驱动或气压驱动为主，同时配有手动机构，需要时也可就地手动。

　　泡沫炮按泡沫液吸入方式可分为自吸式泡沫炮、非自吸式泡沫炮。自吸式泡沫炮多为移动式的，它装配了负压比例混合器和吸液管，工作时，系统供给压力水，靠泡沫炮自身的负压比例混合器和吸液管从泡沫液容器中吸取泡沫液后，形成泡沫混合液，再产生泡沫。固定泡沫炮系统基本上是采用非自吸式泡沫炮，它没有装配比例混合器等部件，工作时，系统供给泡沫混合液，由该炮产生并喷射泡沫。

　　从产生泡沫方式上泡沫炮分为吸气型专用泡沫炮和非吸气型泡沫/水两用炮。吸气型泡沫炮（见图5-22）可配用氟蛋白或水成膜泡沫液用于扑救非水溶性甲、乙、丙类液体火灾，泡沫发泡倍数应在5倍以上。非吸气型泡沫/水两用炮必须配用水成膜泡沫液，泡沫发泡倍数较低，泡沫也非常不稳定。扑救大型储罐全液面火灾使用的大流量炮多为非吸气型泡沫/水两用炮。

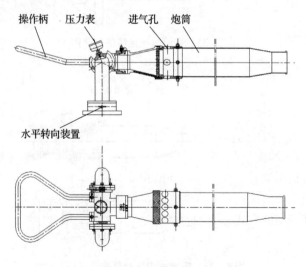

图5-22　吸气型泡沫炮

97

七、泡沫枪

泡沫枪分为直接供给泡沫混合液吸入空气喷出泡沫的普通泡沫枪和自带负压比例混合器、泡沫液吸管的吸液式泡沫枪两种。欧美等国家、地区生产的泡沫枪外形结构，特别是手柄形式方便把持，性能参数不尽相同。多年来我国生产泡沫枪的结构形式没有改变，分别见图 5 – 23 和图 5 – 24。直接供混合液的泡沫枪用途较广，可连接泡沫消防车单独使用，也可作为固定低倍数泡沫系统的辅助设施，如做储罐区泡沫系统辅助管枪等。我国生产的泡沫枪有 PQ4/PQZ4、PQ8/PQZ8 两种规格，主要性能参数见表 5 – 8。

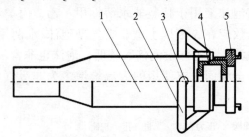

图 5 – 23　普通泡沫枪结构示意图

1—枪筒；2—手轮；3—空气孔；4—喷嘴；5—管牙接口

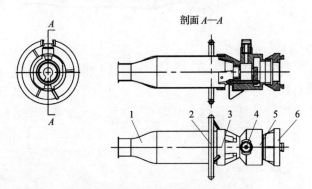

图 5 – 24　吸液式泡沫枪结构示意图

1—枪筒；2—手轮；3—空气孔；4—吸液口；5—枪体；6—管牙接口

98

表 5-8　泡沫枪主要性能参数

型号	额定工作压力（MPa）	额定流量（L/s）	发泡倍数	射程（m）
PQ4	0.5	4	≥5	≥18
PQ8	0.5	8	≥5	≥22
PQZ4	0.7	4	≥5	≥24
PQZ8	0.7	8	≥5	≥24

第四节　泡沫液泵

目前泡沫液泵与平衡式、泵直接注入式泡沫比例混合装置安装成一体，3C 认证也是整体认证。之所以作为一节来论述泡沫液泵，是因为各泡沫比例混合装置生产商选用的泵型及其性能不一样，且经公安部天津消防研究所会同江苏锁龙消防科技股份有限公司、杭州新纪元消防科技有限公司开展的泡沫液低温下泡沫比例混合装置混合比试验研究表明，抗溶泡沫液对泡沫液泵除现行产品与工程标准的要求外，应另有要求。

目前所使用的泡沫液泵有齿轮泵和同步转子泵，其中齿轮泵有直齿与人字齿两种。直齿齿轮泵大都为国产泵，噪声大、效率低，抽真空能力不足 0.03MPa。人字齿齿轮泵性能显著提高，但各生产商的产品主要性能也有差异，如泵抽真空能力参数有的小于 0.04MPa，有的标注 0.06MPa。同步转子泵抽真空能力检测值达到 0.08MPa，在上述试验研究中，用其抽温度 6℃下的 3% 型氟蛋白泡沫液（20℃黏度 50mPa·s）排量比抽水高近 10%，抽温度 6℃下的 3% 型抗溶水成膜泡沫液（20℃黏度 1000mPa·s）排量比抽水低近 10%。这一研究试验表明，淘汰 6% 型而推荐 3% 泡沫液没有技术障碍，选型时只需考虑弥补减少的流量，并且齿轮泵不应用于抗溶泡沫液。

同步转子泵的结构形式如图 5 – 25 所示，内设一对变速齿轮、一对同步齿轮、一对共轭三螺旋转子。变速齿轮用来调整转子的转速，依据所需的流量而定；同步齿轮用来带动转子，主要承载泵做功的传动力矩，使两转子的啮合与摩擦力降至最低，两齿轮转速相同、方向相反，故称同步齿轮。两转子是泵的核心部件，分别在两个平行轴的同步齿轮驱动下相对运转，转子和泵体之间不断形成连续稳定的吸入腔、密封腔、排出腔，将连续吸入的泡沫液经密封腔体由排出端排出。正是由于转子受力极小，它可采用内为球墨铸铁坯基、外层压铸 5mm ~ 13mm 氟橡胶的转子，使泵的抽真空能力达到 0.08MPa，可输送高黏度介质，且泵对介质的挤压和剪切极小，几乎没有脉冲现象，这是金属转子无法达到的，主要参数见表 5 – 9。当然转子也可由不锈钢或黄铜直接加工而成，但抽真空能力不会超过 0.06MPa。

图 5 – 25　同步转子泵结构图

1—转子支撑轴承；2—两端机封；3—过流腔体；

4—中间隔离腔；5—同步齿轮箱；6—减速箱

表 5 – 9　同步转子泡沫液泵主要参数

规格型号	流量范围 （L/s）	压力范围 （MPa）	进出口径 （mm）	最大配套功率 （kW）
HZB40	1 ~ 3	0.1 ~ 2.0	40	7.5
HZB65	3 ~ 10	0.1 ~ 2.0	65	30
HZB80	8 ~ 14	0.1 ~ 2.0	80	37

第五节　雨淋报警阀

　　雨淋报警阀本是自动喷水系统的主要部件，20 世纪 90 年代以来，随着泡沫系统自动控制要求的不断提高，雨淋报警阀的应用逐步增多，并且也是泡沫 – 水雨淋系统的重要部件。

　　目前，雨淋报警阀按结构形式分为活塞式、杠杆式、隔膜式三类，它们都是自动开启的控制阀，为防止其拒动，在总成上都设有就地应急开启阀门。开启方式大都是经电磁阀进行水压控制启动的，也可气压控制。为了尽快启动泡沫系统，尤其是泡沫 – 水雨淋系统，灭火或控火于初期，就需要控制阀门开启时间短，为此本节介绍两种开启时间短的雨淋报警阀。

一、活塞式顺水流密封雨淋报警阀

（一）结构原理

　　活塞式顺水流密封雨淋报警阀主要由阀体、弹簧、中间阀体、驱动活塞、副活塞、阀芯组件、主轴、封盖等组成，见图 5 – 26。伺服状态下供水与弹簧的共同作用，使阀芯组件顺水流方向与阀座接触，关闭密封。水压越大，关闭力越大；水压降至 0MPa 时，由弹簧保持密闭。开启时，通过自动或手动方式将压力源引入驱动腔，通过驱动活塞压缩弹簧，克服阀芯上的水压，向水源侧逆水流移动开启出水，也就是加压驱动强制开启。只有当控制腔有压力时，雨淋阀才能开启出水，避免误出水隐患。开启工况见图5-26右图，总成见图5-27。由于其复位与开启不受活塞重力影响，它可以竖直、水平、斜向安装。

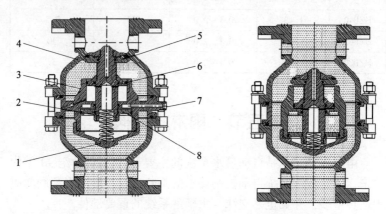

图5-26 活塞式顺水流雨淋报警阀本体

1—封盖；2—弹簧；3—中间阀体；4—阀体；5—阀芯组件；

6—副活塞；7—驱动口；8—驱动活塞

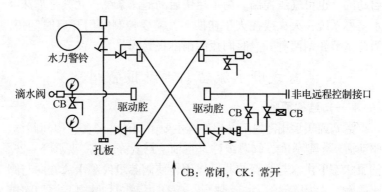

图5-27 活塞式顺水流雨淋报警阀总成示意图

（二）主要性能参数

活塞式顺水流密封雨淋报警阀主要性能参数见表5-10。

表 5 – 10　活塞式顺水流密封雨淋报警阀主要性能参数

结 构 性 能	参 数 指 标
额定工作压力	1.6MPa
开启时间	≤5s
开启压力	≤供水压力×50%
水力摩阻损失	≤0.03MPa
在线持压关闭性能	≤45s

二、杠杆式雨淋报警阀

（一）结构原理

如图 5 – 28 所示，为雨淋阀开启、限位、关闭三种状态。雨淋阀在关闭状态时，供水压力既作用在阀瓣的底部，又经节流孔板作用在推杆腔的推杆上。根据杠杆原理，供水压力作用在推杆上的力被数倍放大，足以抵御供水压力波动，使阀瓣处于关闭状态。当探测到火灾时，通过推杆腔出口使推杆腔排水，而推杆腔入口在节流孔板作用下补水速度远不及排水速度，推杆腔内压力快速下降，当推杆腔内的压力接近供水压力约 1/3 时，作用在阀瓣底部向上的力大于杠杆作用在阀瓣上向下的力，阀瓣即刻打开，水（泡沫混合液）则通过雨淋阀进入系统管网，同时也通过雨淋阀报警出口流入报警装置进行报警。阀瓣打开后，杠杆又起到限位的作用。

当系统停止运行雨淋阀复位时，推动和旋转位于阀后的复位按钮即可。雨淋阀外部复位的特点，给系统测试提供了一个既方便又经济的方式，同时也是良好维护性能一个重要体现。然而外部复位特性并不能代替雨淋阀内部部件的定期清洗和检测。

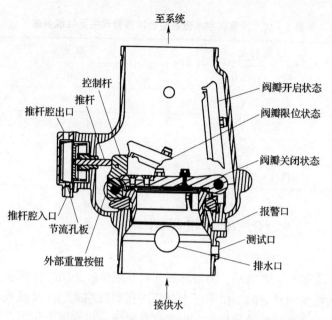

图 5 – 28　杠杆式雨淋报警阀结构原理图

至系统

控制杆
推杆
推杆腔出口

阀瓣开启状态
阀瓣限位状态
阀瓣关闭状态

推杆腔入口
节流孔板

报警口
测试口

外部重置按钮

排水口

接供水

（二）注意事项与工况

当压缩空气冷凝水或系统测试的残留水在阀门内积聚时，可以通过排水阀排出。关闭供水控制阀后，可以轻轻打开滴水杯上部的小阀门进行排水，直至雨淋阀内及系统立管内的水排空。

环境温度异常升高时，雨淋阀推杆腔内水温也会升高，导致推杆腔内的水压高于系统的额定压力。凡是存在这种工况的，一般需要在推杆腔安装泄压组件，限制推杆腔压力不超过 1.2MPa。这类雨淋阀最小工作压力一般为 0.14MPa，最大供水压力为 1.72MPa。供入阀门入口和推杆腔的水温必须是 4～60℃。

对于杠杆式雨淋报警阀，重力影响阀瓣复位，它应为竖直安装，并且对密封件要求较高，口径越大对密封要求越高。有的 200mm 口径产品有渗漏现象，有的产品在低压工况下渗漏，所以选择产品时应予以关注。

第六章　国内外泡沫灭火与油品燃烧试验摘要

世界各国普遍采用低倍数泡沫系统保护甲、乙、丙类液体储罐，其主要设计参数是泡沫混合液供给强度与连续供给时间。它直接关系到泡沫系统的泡沫液储量、水储量、泵的扬程与流量及动力源功率、管道直径、比例混合装置及泡沫产生器型号与数目，并直接影响泡沫系统的投资。为了获取它，以制订出合理的工程设计规范，许多国家进行了相关灭火试验。作者只掌握部分灭火试验情况，为了便于读者阅读，对其原始试验报告作了摘要汇总。

泡沫扑救储罐液体火灾，一般来说，泡沫混合液供给强度愈大，灭火时间愈短；泡沫混合液供给强度愈小，灭火时间愈长。泡沫混合液供给强度低于临界值时，不能灭火，高于一定值时，灭火时间也不再明显减少。如果用纵坐标表示灭火储罐单位面积上的泡沫混合液用量，横坐标表示泡沫混合液供给强度建立直角坐标，可发现在某一泡沫混合液供给强度下，泡沫混合液用量最少，这一点对应的泡沫混合液供给强度为最佳供给强度，灭火试验要确定的正是最佳供给强度。一般工程设计规范规定的最小泡沫混合液供给强度基本为最佳供给强度，最小连续供给时间用最佳供给强度下的灭火时间乘以一定的安全系数。

灭火试验时，要尽量模拟实际火灾条件，如果试验条件与实际火灾条件差别较大，试验意义不大。金属油罐有突出的"罐壁升温"现象，灭火难度比非金属油罐要大；油品闪点越低，灭火难度越大；油层厚度太小，灭火难度大大降低；在一定范围内，预燃时间越长，灭火时间越长，预燃时间太短，灭火难度将降低；风速越大，灭火难度越大。评价灭火试验是否有代表性，要看上述五方面试验条件是否能反映较恶劣条件的实际火灾。

我国1987年以前进行的液上喷射泡沫灭火试验，其泡沫液大都是采用生产工艺未改进的普通蛋白泡沫液；液下喷射泡沫灭火试验都是采用普通蛋白泡沫液和氟表面活性剂"6201"溶液临时配制的氟蛋白泡沫液。自1980年以来，我国对蛋白泡沫液生产工艺进行了改进，氟蛋白泡沫液也不再需要临时配制，有了氟蛋白泡沫液成品。后来的蛋白、氟蛋白泡沫液的灭火性能都比原来好。

第一节　油罐液上喷射泡沫灭火试验

一、我国1974年地上全敞口钢制油罐灭火试验

（一）100m³油罐中间灭火试验

1974年8月至9月，由公安部天津消防研究所等八个单位组成"空气泡沫灭火试验协作组"在天津消防研究所试验场进行了灭地上100m³全敞口钢制66号汽油储罐火中间试验。试验用泡沫液为原北京消防器材厂配置的6%型YE12蛋白泡沫与改进的YE12，改进后的YE12流动性优于未改进的YE12。

试验油罐内径5.4m、截面积22.9m²、高5.4m，使用半固定式泡沫灭火设备（即水泵和比例混合器移动），灭火过程中沿罐壁喷放了冷却水，试验数据见表6－1。依据未改进YE12试验数据绘制的泡沫混合液供给强度与灭火时间、供给强度与灭火所需泡沫液量关系曲线见图6－1和图6－2。

表 6-1　100m³汽油储罐液上喷射泡沫灭火试验数据

试验日期（月．日）	8.17	8.20	9.3	8.22	8.23	9.2	9.3
泡沫液种类	未改进 YE12					改进后 YE12	
油品液面高度（m）	1.3		4.2	4.23		4.2	4.2
混合液供给强度 [L/(min·m²)]	12.7	8.60	5.42	5.42	2.75	5.73	6.21
混合比（%）	5.9	4.02	3.32	3.2		4.96	4.27
泡沫倍数	5.2	4.9	5.31	4.4	4.8	5.06	4.75
预燃时间（min：s）	3：23	2：04	2：04	2：01	2：10	1：59	2：04
灭火时间（min：s）	3：33	4：29	5：06	5：46	11：51	3：04	2：28

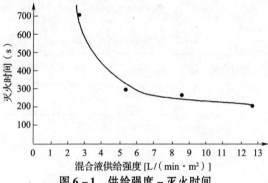

图 6-1　供给强度-灭火时间

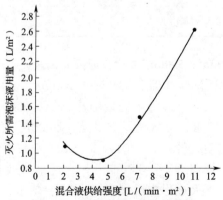

图 6-2　供给强度-泡沫液用量

107

（二）燃烧面积与灭火时间关系试验

在上述100m³储罐灭火中间试验基础上，采用9L /（min·m²）的泡沫混合供给强度，分别对容量100m³、1000m³、5000m³盛装66号汽油钢制敞口储罐进行灭火时间对比试验，100m³储罐试验用的是原北京消防器材厂配置的未改进6%型YE12蛋白泡沫液，1000m³与5000m³油罐灭火用的是改进的YE12蛋白泡沫液，100m³油罐中心立有测试杆影响泡沫流动与合拢，试验结果见表6-2。可见在100m³油罐上所测的试验数据有一定的代表性，反映出在燃烧面积大于22.9m²时，其面积对灭火时间影响不大。

表6-2　燃烧面积与灭火时间

油罐容量（m³）	100	1000	5000
燃烧面积（m²）	22.9	113	390
燃烧面积比例	1	5	18
混合液供给强度［L /（min·m²）］	9	9	9
灭火时间（min：s）	4：00	3：21	3：36
灭火时间比例	1	0.84	0.9

（三）1000m³、5000m³油罐验证灭火试验

在上述两项试验基础上又开展了1000m³、5000m³油罐验证灭火试验。灭火设备为半固定泡沫系统，1000m³油罐均布2个50L/s（PCL8）立式泡沫产生器，5000m³油罐均布2个150L/s（PCL24）和1个100L/s（PCL16）共3个立式泡沫产生器，试验燃料为66号汽油。灭火药剂为改进的YE6型蛋白泡沫液。灭火过程中沿罐壁喷放了冷却水，试验结果见表6-3。

表 6 – 3　油罐泡沫灭火数据

试　验　日　期	9. 11	9. 20	9. 23
油罐容积（m³）	1000	5000	
油品液面高度（m）	2. 5	3. 0	3. 0
混合液供给强度［L/(min·m²)］	8. 7	7. 5	9. 95
混合比（%）	6. 3	6. 78	4. 66
泡沫倍数	6. 0	8. 2	5. 4
预燃时间（min：s）	2：04	1：00	2：03
灭火时间（min：s）	2：50	2：45	3：04

二、1987 年 10 月 24 日中日联合试验

1987 年 10 月 24 日中日联合在公安部天津消防研究所试验场进行了 5000m³ 浮顶汽油罐液上喷射氟蛋白泡沫灭火试验，试验条件如下：

试验油罐直径 22.3m、高 11.2m、环形面积 79.6m²；灭火设备为固定式低倍数泡沫系统，两次试验分别采用 4 个日本 VND – 200 和国产 PC4 泡沫产生器，每个泡沫产生器保护周长 17.5m；燃料为 70 号车用汽油，油面高度 1.7m；灭火剂为 YEF6 型氟蛋白泡沫液。试验结果见表 6 – 4。

表 6 – 4　5000m³ 浮顶油罐密封区泡沫灭火试验数据

试　验　序　号	1	2
泡沫混合液供给强度［L/(min·m²)］	10. 4	13. 1
混合比（%）	5. 8	4. 2
预燃时间（min：s）	3：35	3：35
灭火时间（min：s）	1：43	2：10
冷却水量（L/min）	2200	2600

在当时，单罐容量达到 5000m³ 算得上大储罐了，且密封大都如图 6-3 所示，而且目前在欧洲、日本还能见到如此密封的大型外浮顶油罐。虽然试验得到泡沫混合液供给强度无新意，但试验的单个泡沫产生器保护周长已突破了当时国家标准《石油库设计规范》GBJ 74—84 规定的 14m，从这方面来说有积极作用。20 世纪 90 年代末以后，我国的外浮顶油罐的密封形式已发生了巨大变化，图 6-3 所示的密封形式已基本无存，取而代之的是双密封形式，该试验设计的火灾场景基本不存在了，所以从 2000 年版的《低倍数泡沫灭火系统设计规范》GB 50151—92 也就修改了先前的规定。

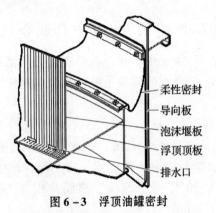

柔性密封
导向板
泡沫堰板
浮顶顶板
排水口

图 6-3　浮顶油罐密封

三、瑞典蛋白泡沫半液下喷射灭火试验

1960 年，瑞典用高背压泡沫产生器对直径 9m 的汽油罐进行了蛋白泡沫半液下喷射灭火试验，试验时罐壁未喷冷却水，试验数据见表 6-5。尽管半液下喷射在泡沫供给方式上不同，但都是将泡沫供给到燃烧液面上去灭火，灭火原理与液上喷射是一样的。半液下喷射泡沫系统只有瑞典试验与应用过，资料不详细，但珍贵，所以辑入了液上喷射一节。

表 6-5 瑞典半液下喷射泡沫灭火试验数据

液面高度（m）	8.65	8.65	5.35
发泡倍数	4.0	5.2	4.2
混合液供给强度 $[L/(min \cdot m^2)]$	4	2	4
预燃时间（min：s）	7：17	5：37	4：57
灭火时间（min：s）	2：02	8：00	2：13

四、美国 3M 公司水成膜泡沫液上喷射试验

试验数据摘自美国 3M 公司 1982 年版 *Light Water*® *AFFF Products & Systems*，该手册中并未给出试验日期、储罐式样等更详细的资料，不过所需的主要试验数据已较全了。原表包含了液上与液下喷射试验数据，现将其分成两个表。液上喷射水成膜泡沫灭火试验数据见表 6-6。

表 6-6 美国 3M 公司水成膜泡沫液上喷射灭火试验数据

储罐直径（m）	2.4	22.9	20×23
试验油品	汽油	辛烷值 72 的汽油	API 度 32 的原油
泡沫供给方式	泡沫产生器	带架泡沫炮	泡沫产生器
油层厚度（m）	1.2	0.2	0.2
预燃时间（min：s）	10：00	10：25	11：00
供给强度 $[L/(min \cdot m^2)]$	4.1	4.1	4.1
灭火时间（min：s）	4：15	3：45	2：00

五、模拟 100m³ 乙醇汽油储罐火灾灭火试验

2002 年，公安部天津消防研究所承担国家创新项目《车用

乙醇汽油应用技术的研究》的子课题《车用乙醇汽油火灾危险性评估及其对策》，进行了模拟100m³油罐火灾的灭火试验研究。试验采用直径5.4m、高0.4m的油盘架高至0.5m用以模拟100m³储罐；固定式泡沫灭火设备设置情况是：安装了泡沫流量调节装置调节释放到模拟储罐的泡沫量，泡沫预混液管线长约40m，用涡轮流量计监控其流量，PC4型泡沫产生器（带弧型挡板）；装有冷却水系统，由水表控制并记录流量；燃料采用93号车用乙醇汽油，每次试验用油2200L，油层厚度10cm，由一辆4吨油罐车加油。按有关标准规定，在注油后5min内即由电磁打火器点火，预燃时间为3min。因在4.52m²标准油盘上进行泡沫选型试验表明普通泡沫不能灭火，所以分别选用了6%型抗溶氟蛋白和6%型抗溶水成膜两种泡沫进行试验。主要试验数据见表6-7。两种抗溶泡沫的供给强度与灭火时间关系曲线见图6-4。

表6-7　车用乙醇汽油灭火试验数据

泡沫类型	泡沫混合液供给强度 [L/(min·m²)]	灭火时间 (min：s)	冷却水供给强度 [L/(min·m²)]
抗溶氟蛋白	10.5	1：48	2.0
	8.0	1：42	2.0
	4.6	2：12	2.0
	3.6	4：33	2.0
	2.5	6：27	2.0
抗溶水成膜	10.5	1：00	2.0
	6.2	1：12	2.0
	4.6	1：04	2.0
	3.2	1：05	2.0
	2.0	供泡13min46s仍有小于0.5m²的边缘火	控火后停供冷却水

泡沫类型	泡沫混合液供给强度 [L/(min·m²)]	灭火时间 (min：s)	冷却水供给强度 [L/(min·m²)]
抗溶水成膜	3.2	13：12	供泡沫 8min40s 后 供冷却水
	5.0	供泡 10min 仍有小 于 0.5m² 的边缘火	停供冷却水

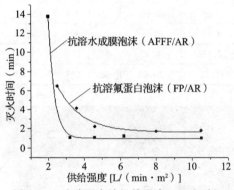

图 6 – 4   泡沫混合液供给强度 – 灭火时间

六、直径 3.5m 轻烃储罐灭火试验

2007 年 12 月 20 ~ 21 日，公安部天津消防研究所会同中国石油塔里木油田公司消防支队，在塔里木油田消防一大队训练场进行了轻烃储罐泡沫灭火试验。试验储罐为直径 3.5m 的敞口罐、高 2.5m，试验油品的组分见表 6 – 8。油层厚度大于 200mm，泡沫液分别为 6% 型美国产成膜氟蛋白泡沫、水成膜泡沫、国产水成膜泡沫，安装了 2 个 PC2 型横式泡沫产生器，沿罐周设置了冷却水环管并在试验中喷放了冷却水。试验次数共计 5 次，其中 4 次使用了表 6 – 8 所示的油品，1 次为经过一次灭火试验的残油。从试验的情况看，泡沫混合液供给强度约为 12L/(min·m²)，2min 左右

基本控火。但除了用灭火试验残油的1次成功灭火外,其他4次即使泡沫混合液供给强度达到24L /(min·m²) 仍不能彻底灭火,而是在一侧罐壁处形成长时间边缘火,参见图6-5。

表6-8　试验油品的组分

序号	组分	质量百分数 (%)	摩尔百分数 (%)	序号	组分	质量分数 (%)	摩尔百分数 (%)
1	C2	0.00	0.00	7	C6	26.41	27.64
2	C3	0.01	0.03	8	C7	29.37	26.43
3	iC4	0.05	0.08	9	C8	15.47	12.22
4	C4	4.11	6.38	10	C9	4.56	3.21
5	iC5	7.17	8.97	11	C10	1.63	1.03
6	C5	11.22	14.02	12	C11	0.00	0.00

图6-5　直径3.5m轻烃储罐灭火试验照片

第二节　油罐液下喷射泡沫灭火试验

一、1976年我国氟蛋白泡沫液下喷射灭火试验

1976年7月,天津市公安局消防总队、原水电部东北电力设计院、原天津消防科学研究所联合在天津开展了氟蛋白泡沫液下喷射灭火试验。试验基础油罐容量分别为700m³和5000m³,因油品用量限制,试验前对油罐进行了改装,改装情况见图6-6与表6-9。700m³油罐顶开口30%,模拟一部分罐顶被破坏;5000m³油罐顶全开口,模拟罐顶全部被破坏。试

验用泡沫液为自配含 0.02% "6201" 的 3% 型氟蛋白泡沫液。

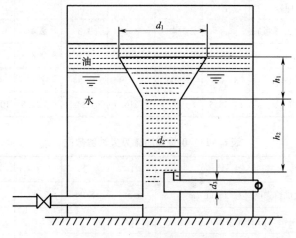

图 6-6 改造油罐示意图

表 6-9 700m³ 和 5000m³ 油罐改装图尺寸

罐型	项目					罐顶开口情况
	h_1 (m)	h_2 (m)	d_1 (m)	d_2 (m)	d_3 (mm)	
700m³ 油罐	1	4.5	1.7	0.64	150	30%
5000m³ 油罐	1	7.3	3.3	1.28	204	100%

（一）700m³ 油罐灭火试验

试验采用半固定系统，由一支液下喷射产生器供泡沫；试验油品分别为 66 号汽油与 0 号柴油；油罐直径 9.8m、横截面积 75.4m²、高 9m。试验结果见表 6-10 和表 6-11，依据两表绘制的有关曲线见图 6-7 与图 6-8。

表 6-10 66 号汽油罐灭火试验数据

试验序号	1	2	3	4	5	6
混合液供给强度 [L/(min·m²)]	13.45	10.50	6.50	5.23	2.97	2.30

115

试验序号	1	2	3	4	5	6
泡沫倍数（参考）		3.4	3.1	3.3	2.4	3.3
混合比（%）	3.0	3.8	3.1	3.9	2.8	4.0
预燃时间（min：s）	3：03	3：06	3：39	3：58	4：14	4：22
灭火时间（min：s）	1：38.5	1：38.5	2：16.5	3：28.5	4：22.8	10：15.3

表 6 – 11　0 号柴油罐灭火试验数据

试 验 序 号	1	2	3	4
混合液供给强度 [L/(min·m²)]	6.38	5.06	2.90	2.15
泡沫倍数（参考）	3.3		3.4	2.8
混合比（%）	3.15	4.0	3.4	3.8
预燃时间（min：s）	7：57	11：36.2	7：14.1	13：38.1
灭火时间（min：s）	2：14	2：56.4	3：35	9：4.3

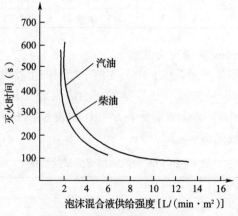

图 6 – 7　供给强度 – 灭火时间

116

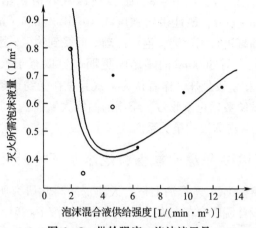

图 6 - 8　供给强度—泡沫液用量

（二）5000m³ 66 号汽油罐灭火试验

在 700m³ 油罐灭火试验的基础上进行了 5000m³ 汽油罐灭火试验。试验条件为：油罐直径 22.3m，截面积 390m²，高 11.1m；由一台"黄河"牌消防车供泡沫混合液，三支液下喷射泡沫产生器并联，采用 DN200 的泡沫管道，泡沫出口流速小于 1.5m/s。试验数据见表 6 - 12。

表 6 - 12　灭火试验数据

试　验　序　号	1	2	3
混合液供给强度［L/(min·m²)］	5.12	7.23	7.20
混合比（%）	3.3	3.2	4.0
预燃时间（min：s）	3：10	3：15	4：37
控火时间（min：s）	4：7	2：9	1：37
灭火时间（min：s）	16：55	5：59	4：54

注：第一次试验控火较快，但沿罐壁处小火灭的速度较慢；第二次试验时，罐顶一钢管被烧变形，一端插入油层，对灭火时间有一定影响。

117

依据图 6 – 7、图 6 – 8，临界泡沫混合液供给强度约为 2.3L /（min·m²），最佳供给强度在 4 ~ 6L /（min·m²）之间。由于试验油罐进行了改装，泡沫浮动空间受到约束，影响泡沫覆盖油面时间，对 5000m³ 油罐影响更明显，以至于灭火时间与 700m³ 油罐相差较悬殊。作者认为，试验是在受约束条件下进行的，所得试验数据也不收敛，绘制的曲线太勉强，尤其是图 6 – 8 供给强度 – 泡沫液用量关系曲线。

二、1979 年原油氟蛋白泡沫液下喷射灭火试验

1979 年，原大连石油七厂、天津消防科学研究所、石油部北京炼油设计院联合在大连进行了原油储罐液下喷射泡沫灭火试验。首先在小罐上进行基础参数模拟试验，然后在 130m³、300m³ 金属油罐和 500m³ 非金属油罐中进行了进一步探讨研究试验。在取得一定数据后，对直径 22.7m、截面积 404.7m²、高 12.5m 的 5000m³ 原油罐进行了灭火试验。试验仍然用原北京消防器材厂的 6% 型蛋白泡沫液，后添加 "6201"，泡沫通过油层厚度为 11.3m，油品温度 40℃，相应运动黏度 30mm²/s，试验结果见表 6 – 13。

表 6 – 13　灭火试验数据

试 验 日 期	1979. 8. 23	1979. 8. 28
混合液供给强度 [L /（min·m²）]	6. 14	6. 14
实测泡沫倍数	2. 59	2. 60
混合比（%）	6%	6%
喷射口型式	90°弯头（伸至罐中心）	45°切口（深入罐 2m）
喷射口数量（个）	2	1
喷口泡沫流速（m/s）	3. 5	3. 3
预燃时间（min：s）	10：29	10：01
控火时间（min：s）	2：20.5	3：41
灭火时间（min：s）	2：48	3：44

三、1987 年中日联合灭火试验

1987 年 10 月，中日联合在公安部天津消防研究所试验场进行了 100m² 汽油罐全敞口全油层氟蛋白泡沫液下喷射灭火试验。试验所用油罐直径 5.4m、截面积 22.9m²、高 5.4m；采用固定式低倍数泡沫系统；试验燃料为 70 号车用汽油，油层厚度 3.6m；灭火剂为 6% 型氟蛋白泡沫液。试验结果见表 6－14，根据试验数据绘制的泡沫混合液供给强度及灭火时间，供给强度与泡沫液用量关系曲线分别见图 6－9 与图 6－10。

表 6－14　液下喷射灭火试验数据

试验日期（月.日）	10.18	10.19	10.19	10.19	10.21
泡沫混合液供给强度 [L/(min·m²)]	9.28	5.76	4.09	2.64	1.17
混合比（%）	5.6	5.1	5.3	5.5	6.4
泡沫倍数	2.65	3.16	2.79	2.45	2.91
预燃时间（min：s）	3：18	3：25	3：16	3：16	3：01
灭火时间（min：s）	1：34	1：55	2：03	4：04	10：01
泡沫入口速度（m/s）	3.32	3.27	3.01	2.88	1.50
冷却水流量（L/min）	772	706	667	571	550

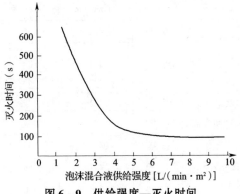

图 6－9　供给强度—灭火时间

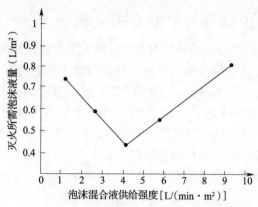

图 6 – 10　供给强度—灭火所需泡沫液量

四、美国 3M 公司水成膜泡沫液上喷射试验

美国 3M 公司用不同的泡沫产生装置进行了液下喷射水成膜泡沫灭火试验，试验数据见表 6 – 15。本试验数据摘自美国 3M 公司 1982 年版 *Light Water*® *AFFF Products & Systems*。

表 6 – 15　美国 3M 公司水成膜泡沫液下喷射灭火试验数据

储罐直径 （m）	试验油品及深度 （m）	预然时间 （min：s）	供给强度 [L／(min·m²)]	灭火时间 （min：s）	备注
2.4	汽油 1.2	20：00	4.1	7：30	额定混合比
		20：00	4.1	9：45	海水型额定 混合比
		10：00	4.1	5：45	额定混合比
2.7	汽油 7.6	1：00	1.2	5：47	额定混合比
		1：00	2.4	3：44	额定混合比
3.8	闪点 –20℃汽油 3.6	5：00	4.1	1：55	额定混合比
		5：00	2.9	2：40	额定混合比

120

储罐直径 （m）	试验油品及深度 （m）	预然时间 （min：s）	供给强度 [L／(min·m²)]	灭火时间 （min：s）	备注
4.6	组分汽油 4.9	10：00	4.1	2：50	2/3 额定混 合比
6.1	庚烷 1.2	1：00	4.1	2：55	额定混合比
8.6	辛烷值 72 汽油 6	10：30	4.1	4：00	额定混合比
8.5	原油（70% 汽油） 6	10：00	4.1	8：40	2/3 额定混 合比
		20：00	4.1	7：22	

五、日本灭火试验

1976 年 10 月 26 ~ 28 日，日本有关单位在新溽对直径 8.7m、高 8.0m、密度 25℃时为 0.768、运动黏度 1.0mm²/s 轻原油储罐进行了液下喷射泡沫灭火试验，试验数据见表 6 – 16。

表 6 – 16 灭火试验数据

泡沫种类	3% FP	3% AFFF	3% AFFF	3% AFFF
混合比	4.0	2.0	2.0	2.0
喷射口数	1	1	2	1
供给强度 [L／(min·m²)]	4.0	4.0	4.0	4.0
泡沫倍数（min：s）	3.35	3.14	2.99	3.08
预燃时间（min：s）	10：00	10：00	10：00	20：00
90% 控火时间（min：s）	3：00	2：45	2：30	3：50
泡沫供给时间（min：s）	8：35	8：20	5：50	7：00
灭火时间（min：s）	8：50	8：47	6：19	7：22

六、3M 高级车用无铅汽油储罐灭火试验

1980 年，美国 3M 公司分别用 3% 型氟蛋白泡沫、3% 型普通水成膜泡沫（FC-203A）、3% 型抗溶水成膜泡沫（FC-600）对直径 7.5m、高 7.5m 的高级车用无铅汽油储罐进行了液下喷射灭火试验，试验数据见表 6-17。作者注：试验燃料的英语原文是"Super Unleaded Gasoline"，文中并没有其组分或馏分的说明信息。根据我国无铅汽油的配方，是在组分油中添加不小于 8% 的甲基叔丁基醚等含氧添加剂。所谓"Super"应当认为经过了二次加工处理的汽油，因为不少石油二次加工技术源自美国。

表 6-17 灭火试验数据

泡沫液类型	FC-203A	氟蛋白	FC-600	氟蛋白	FC-203A
混合比（%）	2	4	3	4	2
发泡倍数	2.3-3.2	2.5	3.0	2.4-3.3	3.1
混合液供给强度 [L/(min·m²)]	4.1	4.1	4.1	4.1	4.1
泡沫供给时间（min）	30	30	30	30	30
预燃时间（min）	2.5	2.5	2.5	2.5	2.5
控火时间（min）	2.0	1.7	1.3	2.0	1.2
灭火时间（min）	未灭火	未灭火	24.8	未灭火	未灭火

第三节　水溶性可燃液体泡沫灭火试验

YEKJ-6A 凝胶型抗溶合成泡沫和 YEDF-6 型抗溶氟蛋白泡沫是 20 世纪 80 年代初我国开发出的抗溶泡沫灭火剂，由于其灭火性能较好，取代了 70 年代我国所使用的 KR-765 金属

皂型抗溶泡沫灭火剂。目前我国抗溶泡沫品种齐全，灭火性能稳定。

由于水溶性液体的亲水性必须使用抗溶泡沫灭火。水溶性液体种类繁多，针对每种水溶性液体进行大型灭火试验是不可能的，工业发达的欧美也未必做过大型灭火试验。纳入本节的试验灭火面积为 $1.73m^2 \sim 10m^2$。$1.73m^2$ 是 ISO 7203《灭火剂 泡沫液》与国家标准《泡沫灭火剂》GB 15308 规定检测抗溶泡沫灭火性能所用的油盘尺寸，试验面积再小已无工程价值。

一、YEKJ－6A、YEDF－6 抗溶泡沫 $10m^2$ 工业乙醇灭火试验

1987 年，在天津消防研究所开展了 $10m^2$ 带挡板的燃料盘工业乙醇灭火试验，试验用泡沫预混液混合比为 6%，分别用管枪和 U 型施放器供泡沫，试验数据见表 6 – 18。

表 6 – 18　$10m^2$ 工业乙醇灭火试验数据

序号	泡沫液	乙醇浓度 （%）	预燃时间 （min：s）	混合比 （%）	喷射 方式	控火时间 （min：s）	灭火 时间 （min：s）	供给强度 ［L／（min·m²）］
1	YEKJ － 6A	95.5	2：0	2.0	U 型 施放器	4：12	4：40	4.8
2		94.0	2：0	5.8		1：07	1：33	4.8
3		78.0	2：0	5.8		1：15	1：28	4.8
4 *		95	3：15		手持 管枪	0：16	0：26	18
5 *		86	2：0			0：10	0：16	18
6 *		88	2：0			0：59	1：22	4.8
7 *	YEDF － 6	95	2	6	管枪 供泡沫	0：16	0：24	20
8		95	2	6	U 型 施放器	0：50	1：10	4.8

注：标 * 号的取自中日联合试验。

二、美国 3M 公司抗溶水成膜泡沫（ATC）灭火试验

3M 用其抗溶水成膜泡沫（ATC）在面积 $60ft^2$（$4.52m^2$）的油盘上进行了系列灭火试验，试验条件：$4.52m^2$ 钢燃料盘盛 5.1cm 厚燃料，预燃时间 1min，泡沫倍数 6~8 倍，试验数据见表 6-19。

表 6-19　ATC 灭火参数

	易燃液体种类	混合液浓度（%）	供给强度 $[L/(min \cdot m^2)]$	控火时间（min：s）	灭火时间（min：s）
UL Ⅱ型供给泡沫	甲醇	6	4.1	0：55	2：10
	乙醇	6	4.1	0：35	1：30
	异丙醇	6	4.1	1：03	2：25
	丙酮	6	4.1	1：25	2：40
	醋酸乙酯	6	2.46	0：38	1：40
	醋酸丁酯	6	2.46	0：45	1：30
	丁酮	6	4.1	0：32	1：15
	甲基异丁酮	6	2.46	0：35	1：50
	异丙醚	6	2.46	0：55	3：45
	乙撑二胺	6	2.46	0：30	1：20
	四氢呋喃	6	6.5	1：05	2：25
	丙炔醛	6	2.46	0：35	4：35
	丁醛	6	2.46	0：33	2：30
	1、2-环氧丙烯（$1.96m^2$）	6	10.25	0：32	2：30
UL Ⅲ型供给泡沫	庚烷	3	1.64	1：30	1：50
	甲苯	3	1.64	2：00	2：05
	汽油	3	1.64	1：00	2：30
	10% 汽油醇	3	1.64	1：20	3：30

124

三、环氧丙烷（PO）泡沫灭火试验

2008 年 7 月，先按国家标准《泡沫灭火剂》GB 15308 规定的抗溶泡沫灭火性能试验方法，在 1.73m² 油盘上依次对 6% 型抗溶合成泡沫（SLPK－HB）、Universal Goal 3% 型抗溶水成膜泡沫、某公司 6% 型抗溶水成膜泡沫、6% 型抗溶合成泡沫（SLPK－HB）等泡沫灭火剂进行选型试验，每次试验均加入了 100kg 环氧丙烷（环氧丙烷时下的相对密度约为 0.83，100kg 的容量约为 120L）。前三次试验的油盘均置于水套内以达到水冷却的目的；第四次试验将试验油盘独立置于地面上（无水套）。试验结果是只有第一次试验灭火。认为 6% 型抗溶合成泡沫（SLPK－HB）灭火性能稍好。于是 2008 年 7 月 21 日清晨，公安部天津消防研究所、宁波镇海炼化利安德化学有限公司、杭州新纪元消防科技有限公司在杭州用 6% 型抗溶合成泡沫（SLPK－HB）开展了直径 3.5m 环氧丙烷储罐灭火试验。

泡沫混合液供给强度 11.6L/(min·m²)，3min 仍不能控火，泡沫混合液供给强度达到 22.3L/(min·m²)，1min 后有限控火，仍不能灭火。由于不能灭火，环氧丙烷受热气化，控火状态不能保持。试验情况参见表 6－20 和图 6－11。试验过程中对罐顶及罐壁进行了喷水冷却，水流量为 4.8L/s。

表 6－20　直径 3.5m 环氧丙烷储罐泡沫灭火试验数据

试验盘面积	9.62m²	环氧丙烷用量	1924L
气温	25℃	风速	小于 1m/s
泡沫混合液温度	28.7℃	PO 温度	25℃
充注 PO 开始时间	5 时 21 分 5 秒	充注 PO 结束时间	5 时 29 分 50 秒

125

点火时间	5 时 30 分 30 秒	预燃时间	1min
供沫时间	5 时 31 分 30 秒	第二个泡沫 发生器开启时间	5 时 34 分 30 秒
控火时间	5 时 35 分 30 秒	泡沫停止时间	5 时 36 分 30 秒
泡沫产生器工作压力	0.6MPa	PO 燃完时间	6 时 40 分
泡沫混合液流量（m³/h） 泡沫混合液供给强度 [L/(min·m²)]		开一个泡沫阀门时	6.7 11.6
		开二个泡沫阀门时	12.9 22.3
泡沫倍数		先开的泡沫产生器	6.88
		后开的泡沫产生器	8.59

图 6 – 11 PO 灭火试验效果照片

四、60m² 甲醇燃烧槽灭火试验

2012 年 12 月，公安部天津消防研究所在江西南昌组织开展了甲醇燃烧槽灭火试验，用以考察抗溶泡沫在处于燃烧状态下的甲醇表面的流动效果和灭火性能。试验搭建 30m 长、2m 宽、

1.2m 深的钢质燃烧槽，槽外设置冷却水保护系统，燃烧槽一端设置立式泡沫产生器和泡沫缓冲装置，实现泡沫的缓释放，试验现场示意参见图 6 – 12。

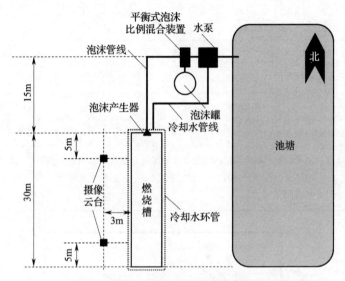

图 6 – 12　甲醇灭火试验现场示意图

　　每次试验注入的甲醇燃料厚度不小于 0.1m，预燃烧 8min 后分别采用国产的 6% 型抗溶水成膜泡沫和 6% 型抗溶氟蛋白泡沫灭火，调变泡沫混合液供给强度、泡沫混合比等参数，共进行 5 次试验，试验结果见表 6 – 21。排除混合比偏低的试验 2，其余 4 次试验都成功灭火，抗溶水成膜泡沫和抗溶氟蛋白泡沫在处于燃烧状态下的甲醇表面可以流动 30m 的距离，形成泡沫覆盖层。

　　通过燃烧槽内水平各处开始降温的时间确定泡沫的覆盖流动位置，参见图 6 – 13，并以此为依据计算出抗溶水成膜泡沫在处于燃烧状态下的甲醇表面的流动速度为 0.2 ~ 0.34m/s，而抗溶氟蛋白的流动速度为 0.082m/s。

表 6 – 21　60m² 甲醇槽火灭火试验结果

编号	泡沫种类	混合比	供给强度 [L/(min·m²)]	控火时间 (min：s)	灭火时间 (min：s)
1		11.8%	12	1：41	11：00
2	6% AFFF/AR	2.5%	8	—	灭火失败
3		6.7%	8	2：27	11：40
4		6.2%	4	4：01	14：00
5	6% FP/AR	5.6%	4	8：19	12：40

注：由于试验现场监测仪器清晰度及角度的限制，难以及时观察甲醇边缘火
的情况，表中记录的灭火时间偏于保守，真正的灭火时间要小于表中所
列时间。

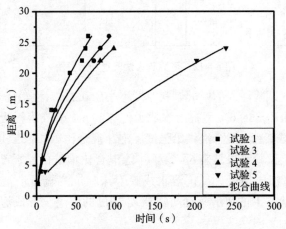

图 6 – 13　泡沫流经不同水平位置的时间

五、14 种水溶性可燃液体抗溶泡沫灭火试验

2015 年 12 月至 2016 年 1 月期间，公安部天津消防研究所会

同江苏锁龙消防科技有限公司在江苏兴化开展了丙酮、乙醇、甲基叔丁基醚、乙酸丁酯、叔丁醇等 14 种典型水溶性可燃液体泡沫灭火试验。

（一）1.73m² 燃烧盘灭火试验

试验在长 20m、宽 15m、高 10m 的灭火试验馆内进行，钢质圆形燃烧盘内径约 1.48m，深度为 0.3m，壁厚为 2.5mm，面积为 1.73m²，并配备长、高各为 1m 的钢质挡板。采用符合国家标准《泡沫灭火剂》GB 15308—2006 要求的泡沫混合液流量为 11.4L/min 的泡沫枪供给泡沫。试验中燃烧盘无水套保护，直接放置于地面。

试验时，将泡沫液预先在钢制罐中配制成预混液，然后采用多级离心泵向泡沫枪供给泡沫预混液。每次试验向燃烧盘内注入不少于 0.1m 厚的燃料，预燃烧 2min 后，采用国产 3% 型抗溶水成膜泡沫、3% 型抗溶氟蛋白泡沫、3% 型低黏度抗溶氟蛋白泡沫和 3% 型水成膜泡沫、3% 型氟蛋白泡沫进行灭火试验，灭火试验结果见表 6 - 22。

（二）4.52m² 燃烧盘灭火试验

试验在灭火试验馆内进行，钢质圆形燃烧盘内径约 2.40m，深度为 0.6m，壁厚为 2.5mm，面积为 4.52m²，并配备长、高各为 1m 的钢质挡板。采用符合国家标准《泡沫灭火剂》GB 15308—2006 要求的泡沫混合液流量为 11.4L/min 的泡沫枪供给泡沫。加设冷却水环管对燃烧盘外壁进行冷却，试验时冷却水强度约为 10L/(min·m²)。

试验时，将泡沫液预先在钢制罐中配制成预混液，然后采用多级离心泵向泡沫枪供给泡沫预混液。每次试验向燃烧盘内注入不少于 0.2m 厚的燃料，预燃烧 2min 后，采用国产 3% 型抗溶水成膜泡沫、3% 型低黏度抗溶氟蛋白泡沫和 3% 型水成膜泡沫进行灭火，灭火试验结果见表 6 - 23。

表6-22 1.73m² 燃烧盘灭火试验结果

燃料种类	泡沫液种类	释放方式	发泡倍数	供给强度 [L/(min·m²)]	控火时间 (min:s)	灭火时间 (min:s)	备注
丙酮	3% FP/AR–D	缓	5.9	6.41	2:27	4:00	
	3% AFFF/AR		7.3	6.48	0:52	1:47	
	3% FP/AR		7.3	6.45	1:12	2:02	
丙酮（残液）	3% FP/AR	强	7.3	6.30	2:00	2:59	
乙腈	3% FP/AR–D	缓	5.3	6.47	1:40	2:03	
	3% AFFF/AR		7.1	6.48	0:35	0:46	
乙醇	3% FP/AR–D	缓	5.1	6.47	2:10	4:24	
	3% AFFF/AR		7.0	6.45	0:28	1:12	
	3% FP/AR		7.5	6.38	1:16	1:39	
乙醇（残液）	3% FP/AR	强	7.5	6.56	未控火	未灭火	无法形成泡沫覆盖层
乙二醇甲醚	3% FP/AR–D	缓	5.7	6.41	0:12	2:05	
	3% AFFF/AR		7.15	6.34	0:16	1:40	
叔丁醇	3% FP/AR–D		5.5	6.43/13.29	5:10	5:38	4min18s上2支枪，又过1min20s灭火
	3% AFFF/AR	缓	7.35	6.43	3:31	4:04	抗烧试验中泡沫覆盖层部分复燃
	3% FP/AR		7.2	6.30/13.32	3:58	4:30	1支枪无法控火，2min后上2支枪，又过2min30s灭火

续表 6－22

燃料种类	泡沫液种类	释放方式	发泡倍数	供给强度 [L/(min·m²)]	控火时间 (min: s)	灭火时间 (min: s)	备 注
叔丁醇(残液)	3% FP/AR	强	7.2	13.21	2:49	未灭火	2支枪边缘火无法扑灭
二乙胺	3% FP/AR－D	缓	5.7	6.41	未控火	未灭火	供泡5min 无法控火
二乙胺	3% AFFF/AR	缓	7.1	6.57/12.96	5:17	未灭火	1支枪4min 未控火，2支枪可控火但无法灭火
丙醛	3% FP/AR－D	缓	5.5	6.47	0:28	2:06	
丙醛	3% AFFF/AR		7.05	6.61	0:44	5:13	供泡3min后停供，5min13s边缘火熄灭
丁酮	3% FP/AR－D	缓	5.9	6.52	0:32	2:38	
丁酮	3% AFFF/AR		6.96	6.57	0:48	1:29	
丙烯酸甲酯	3% FP/AR－D	缓	5.7	6.52	0:22	1:34	
丙烯酸甲酯	3% AFFF/AR		7.2	6.48	0:27	1:22	
正丁醇	3% FP/AR－D	缓	5.9	6.41	2:50	未灭火	边缘火无法扑灭
正丁醇	3% AFFF/AR		7.2	6.39	0:26	0:43	
乙酸乙酯	3% FP/AR－D	缓	5.8	6.47	0:35	2:25	
乙酸乙酯	3% AFFF/AR		6.9	6.35	0:24	1:10	
甲基异丁酮	3% FP/AR－D	缓	5.7	6.57	0:42	2:04	
甲基异丁酮	3% AFFF/AR		7.3	6.49	0:21	0:40	
	3% AFFF	缓	7.4	6.53	0:48	5:19	供泡5min后停供，5min19s边缘火熄灭

续表 6 – 22

燃料种类	泡沫液种类	释放方式	发泡倍数	供给强度 [L/(min·m²)]	控火时间 (min:s)	灭火时间 (min:s)	备注
乙酸丁酯	3% FP/AR – D	缓	5.7	6.57	2:04	2:45	
	3% AFFF/AR		7.0	6.41	0:24	2:03	
	3% FP/AR		7.3	6.34	0:18	0:35	
	3% AFFF		7.6	6.48	0:32	4:36	供泡 4min30s 后停供，4min36s 边缘火熄灭
	3% FP/AR	强	7.3	6.36	0:30	未灭火	边缘火无法扑灭
乙酸丁酯（残液）	3% FP	缓	/	6.45	未控火	未灭火	一支枪供泡沫 3min 未控火，2 支枪 5min42s 仍无法控火
甲基叔丁基醚	3% FP/AR – D	缓	5.6	6.57	0:50	1:46	
	3% AFFF/AR		7.0	6.52	0:48	4:25	供泡 3min 后停供，4min25s 边缘火熄灭
	3% FP/AR		7.3	6.34	0:28	5:03	
	3% AFFF	强	7.35	6.41	0:56	6:47	供泡 5min 后停供，6min47s 边缘火熄灭
甲基叔丁基醚（残液）	3% FP/AR	强	7.3	6.34	1:33	未灭火	边缘火无法扑灭

注：本表与表 6 – 23 所述残液是指做过一次灭火试验后所测余液体，其中会溶进泡沫混合液，甚至达到溶解饱和状态。

表6-23 4.52m²燃烧盘灭火试验结果

燃料种类	泡沫液种类	释放方式	发泡倍数	供给强度[L/(min·m²)]	控火时间(min:s)	灭火时间(min:s)	备注
丙酮	3% AFFF/AR	缓	6.3	4.96	1:15	2:22	
	3% FP/AR-D	缓	6.5	4.95	3:28	4:00	
乙酸丁酯	3% AFFF/AR	缓	6.3	2.41	1:04	1:26	
	3% FP/AR-D	缓	6.2	2.44/4.89	3:18	3:59	1支枪无法控火,1min40s后上2支枪,过2min19s灭火
乙酸丁酯(残液)	3% AFFF/AR	强	7.4	2.41	1:05	未灭火	边缘火无法扑灭
	3% AFFF	缓	7.9	2.52	1:16	3:30	
乙醇	3% AFFF/AR	缓	7.2	2.43/4.93	2:22	3:35	1min30s后上2支枪,又过2min05s灭火
	3% FP/AR-D	缓	6.5	5.08	2:10	3:39	
甲基叔丁基醚	3% AFFF/AR	缓	7.2	5.11	1:24	4:42	
	3% FP/AR-D	缓	6.2	4.93	1:02	2:17	
甲基叔丁基醚(残液)	3% AFFF/AR	强	7.6	5.11	2:00	未灭火	边缘火无法扑灭
	3% AFFF	缓	7.8	5.04	1:23	未灭火	
叔丁醇	3% AFFF/AR	缓	6.6	7.60	3:42	4:42	
	3% FP/AR-D	缓	6.5	7.44	未控火	未灭火	5min22s无法控火,改用AFFF/AR后7min03s灭火

第四节 泡沫－水喷淋系统灭火试验

公安部天津消防研究所在"十二五"国家科技支撑计划项目"清洁高效灭火剂及固定灭火系统应用技术研究"的支持下，开展了汽车库关键灭火技术研究。该项目主要开展了汽车火灾热释放速率试验、自动喷水灭火系统和泡沫－水喷淋系统等扑救汽车库火灾的一系列试验研究。下面对泡沫－水喷淋系统的相关试验做一简要介绍，主要包括单车灭火试验、不同动作温标喷头启动试验和普通车库灭火试验。

一、单车灭火试验

在开展闭式泡沫－水喷淋系统灭汽车库火灾实体灭火试验之前，首先采用开式喷头进行了灭火试验，主要考察在固定供给强度下，泡沫－水喷淋系统控火和灭火情况。试验于 2013 年 4 月 23 日及 27 日在公安部天津消防研究所燃烧试验馆进行。灭火系统采用 4 只普通开式洒水喷头，喷头 K 系数为 80，喷头布置间距为 3m，安装高度为 3.5m，采用 3% 型水成膜泡沫液。

试验车辆为报废的桑塔纳轿车，但各部件均完好。试验时，车辆置于四个喷头合围的正方形中部。共进行了两次试验，主要是点火位置不同，第一次试验点火位置为发动机舱，第二次试验点火位置位于车尾油箱附近，油箱内加入了 20L 汽油，并在油箱下部打孔以模拟汽油泄漏场景。

第一次试验在发动机舱完全燃烧时启动灭火系统（点火后 19min 启动），第二次试验在油箱发生泄漏后启动灭火系统（点火后 30min30s 启动）。两次试验泡沫－水喷淋系统均可控火，控火时间分别为 1min 和 4min，但由于车架的遮挡，轮胎及驾驶室内火焰无法扑灭。试验时，灭火系统平均供给强度为 6.5L／（min·m²）。

二、不同动作温标喷头启动试验

试验主要考察在 B 类火灾作用下，闭式泡沫 – 水喷淋系统采用不同动作温度喷头时，喷头的启动情况。试验于 2013 年 5 月 15 ~ 16 日在公安部天津消防研究所燃烧试验馆进行，利用可升降平台来模拟顶棚，利用在升降平台下部搭建的闭式泡沫 – 水喷淋系统进行灭火。升降平台长和宽均为 33m，可升降高度为 3 ~ 24m。

闭式泡沫 – 水喷淋系统共布置 6 行、8 列共 48 只喷头，喷头溅水盘距顶棚 7.5 ~ 15cm，喷头间距 3m，保护面积 432m^2。闭式泡沫 – 水喷淋系统示意图见图 6 – 14。

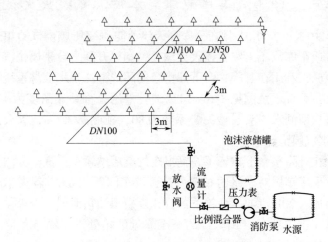

图 6 – 14　闭式泡沫水喷淋系统示意图

试验采用 1.73m^2 油盘火，燃料为 93 号汽油，一次试验加入 50L。油盘置于闭式泡沫 – 水喷淋试验管网中部。

试验时，顶棚高度 3.5m，采用公称动作温度为 68℃ 和 121℃ 的直立型普通洒水喷头各进行了一次试验，灭火剂均为 3% 水成膜泡沫液。

135

采用68℃喷头时，第一只喷头在点火后15s启动，实际启动喷头25只，保护面积225m²，从顶棚温度判断，该次试验有可能启动的喷头数量为32只，保护面积为288m²。采用121℃喷头时，第一只喷头在点火后19s启动，实际启动喷头8只，有效保护面积72m²，从顶棚温度判断，该次试验有可能启动的喷头数量为13只，有效保护面积117m²。可见，对于B类火灾，采用公称动作温度较低的喷头时，容易造成喷头大面积开启，开启喷头的保护面积容易超过系统的作用面积，造成系统不能正常发挥作用；采用较高动作温度的喷头，可有效减少喷头启动数量，且第一只喷头启动时间延时较短。

三、普通汽车库泡沫－水喷淋系统灭火试验

2013年5月31日在公安部天津消防研究所燃烧试验馆开展了普通车库汽车火灾实体灭火试验，利用升降平台来模拟汽车库的顶棚，利用在升降平台下部搭建的闭式泡沫－水喷淋系统进行灭火，系统示意图见图6－14。试验采用公称动作温度为121℃的直立型洒水喷头，喷头K系数为80，顶棚高3.5m，灭火剂为3%水成膜泡沫液。

在升降平台下布置了6辆报废的桑塔纳轿车，汽车分两排布置，采用车尾对车尾的布置方法，汽车间距0.6m。着火车辆油箱内加入20L汽油，油箱下部打孔以模拟油箱泄漏，点火位置于第一排中部车（B车）的车尾靠近油箱处。车辆布置位置及点火位置见图6－15。

点火前，地面上有少量泄漏出的汽油，所以，一开始火势发展很快，第一只喷头在点火后48s启动，在点火后158s时，油箱油品开始泄漏，火势突然加大，喷头逐步开启，在198s时，轮胎爆裂，在车体猛烈震动下，导致较多油品泄漏，火势出现瞬间增大的现象，在点火后3min58s控火，6min48s时从外部观察不到明火。本次试验共启动18只喷头，有效保护面积为162m²，

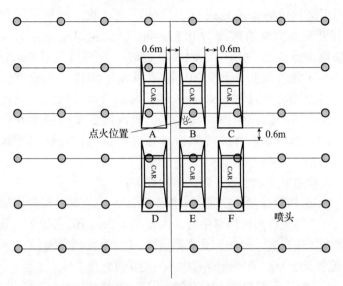

图 6 – 15　车辆布置示意图

喷头启动主要集中于发生油品泄漏的 40s 内。从顶棚温度判断，本次试验有可能启动的喷头为 26 只，有效保护面积 234m²。本次试验的平均供给强度为 8.5L /(min · m²)。

试验完成后，对试验车辆进行了检查，着火车辆（B 车）后备厢、后轮胎、后保险杠过火且烧损严重，驾驶室后排座椅过火，但烧损较轻，驾驶火灾主要从后备厢蔓延过来；和着火车辆同排相邻车辆（A 车和 C 车）各有一轮胎和少部分车身油漆过火；着火车辆后排车辆（D 车、E 车和 F 车）未过火。

第五节　油品燃烧试验

一、日本原油储罐燃烧试验

秋田石油储备公司男鹿事务所于 1998 年 9 月在秋田县男鹿

市船川港秋田储备基地进行了原油燃烧试验。试验使用秋田县申川原油，原油密度为 0.87g/cm³，试验储罐直径为 4m，盛装原油厚度为 560mm。因 8 月份时，曾利用直径 2m 的油罐进行了预备试验，点火 30min 后发生了沸溢，试验方分析认为是原油运输过程混入了一定量的水所致，因此，为使试验安全、可控，避免原油混入水，此次试验使用原油专用运输车，从油田基地直接将原油运来进行试验，在试验过程未发生沸溢。

试验主要测量参数及测点布置如下：

1. **热辐射强度**：在储罐周围距储罐不同位置处布置了辐射热流计，热流计面向储罐中心，固定在 1.2m 高的支架上，分别布置在储罐东侧、南侧、北侧距储罐 3D（D 为储罐直径）、5D、7D 位置处，及距储罐西侧 4D、5D、7D 位置处。

2. **液面下降速度**：由丙烯制的连通管往测定部位灌入煤油，然后记录燃烧液面下降量，求出液面下降速度。

3. **油罐外壁温度**：在油罐东西南北不同位置，使用 K 型热电偶测量油罐外壁上部的温度变化情况。

4. **火焰温度**：在油罐中央位置，利用在液面之上 540mm 和 1040mm 高度处设置的 K 型热电偶，测定火焰温度。

5. **油温**：在油罐中心及油罐中心东侧 1/4D 处设置热电偶测量杆，使用 K 型热电偶（φ1.6mm）测量温度，中心测量杆从液面下 10mm 到 560mm 深度位置设 12 个热电偶，东侧测量杆从液面下 40mm 到 540mm 深度位置设 11 个热电偶。各热电偶的垂直方向间距为 50mm。

主要试验结果如下：

1. 试验中各测点的辐射热流变化不大，证明燃烧是持续稳定的。

2. 试验中液面几乎匀速下降，下降速度为 3.7mm/min。该数据与用其他原油进行同等规模的燃烧试验结果相比，有很大差异。这是因为申川原油是含有很多挥发性成分的轻质原油。

3. 油罐外壁南侧和西侧的温度最高，大约 700℃。东侧最低，大约 400℃。东侧外壁温度之所以低，是由于试验时有东风，将东侧外壁冷却所致。

4. 试验中的火焰温度变化不大，测点位置的温度约 1000 ~ 1100℃。

5. 中心测量杆上热电偶测得的原油温度见图 6 – 16，可以看到，在接近液面的位置（110mm），温度急速上升到约 250℃以上，之后下降到约 180℃。试验进行约 50min 至 80min 时各测点的温度差变小。试验结束时，油温最高约 350℃。在油温上升过程中，接近底部位置（510mm 及 560mm 处）存在油温急速上升过程。从试验曲线也可看到，试验进行 40min 时，超过 150℃的油层厚度约 300mm。东侧测量杆的测量温度也可反映出上述现象。

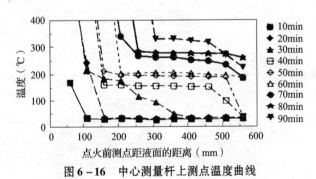

图 6 – 16　中心测量杆上测点温度曲线

二、日本灯用煤油油盘燃烧试验

日本安全工业协会会同有关单位于昭和 56 年（1981 年）5 月 30 日在静冈县分别进行了直径 30m、50m、80m 灯用煤油油盘燃烧试验。因直径 80m 油盘的油层厚度很不均匀，试验时也未形成连续的全面积火焰，故未引用该项试验。试验注油注水量与油盘高度、油品馏分、油品组分分别见表 6 – 24、表 6 – 25、表 6 – 26。辐射热强度试验曲线见图 6 – 17 ~ 图 6 – 19，图中 D 为油槽直径，L 表示测点距油槽中心的距离。

闪点大于 55℃的轻柴油，有初馏点 160℃左右、5% 馏出温度小于 180℃的。所以，该试验数据有一定的参考价值，并且还可据此判断，相同条件下，轻柴油的辐射热强度不会超过该试验值。

表 6 – 24 注油注水量与油盘高度

		直径 30m 油盘	直径 50m 油盘
注油量（m³）		14	38
油层厚度（mm）	北侧	18.0	22.0
	东侧	20.0	17.0
	南侧	19.0	21.0
	西侧	20.0	20.0
	平均厚度（计算值）	19.8	19.4
水垫层厚度（mm）		205	210
油盘高度（mm）		450	450

表 6 – 25 试验油品的馏分

密度（15/4℃）	0.79kg/L
闪点	50℃
初馏点	160℃
5%	170℃
10%	174℃
20%	180℃
50%	194℃
95%	235℃
终馏点	251（℃）

表 6 – 26　试验油品的组分

碳数	芳烃 (%)	烯烃 (%)	饱和烃（%）				总计 (%)
			正烷烃	环烷烃	同分异构体	未知	
C_7	0.08	—	0.01	0.18	—	—	0.27
C_8	1.98	—	0.49	0.25	0.85	0.19	3.76
C_9	6.96	—	2.73	0.52	0.99	0.99	12.19
C_{10}	7.76	—	9.26	0.65	4.54	2.69	24.90
C_{11}	1.20	—	11.70	—	3.38	3.90	20.18
C_{12}	0.42	—	9.31	—	—	10.02	19.75
C_{13}	—	—	4.72	—	—	8.41	13.13
C_{14}	—	—	2.05	—	—	2.68	4.73
C_{15}	—	—	0.83	—	—	—	0.83
C_{16}	—	—	0.26	—	—	—	0.26
总量（%）	18.40	0.00	41.43	1.6	9.76	28.88	100.00

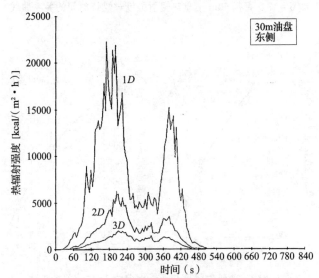

图 6 – 17　直径 30m 油盘热辐射强度与燃烧时间的关系曲线

141

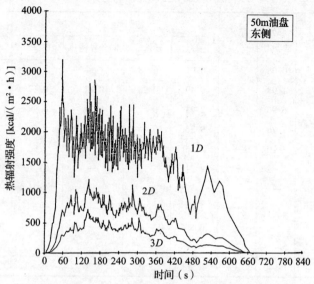

图 6 – 18　直径 50m 油盘热辐射强度与燃烧时间的关系曲线

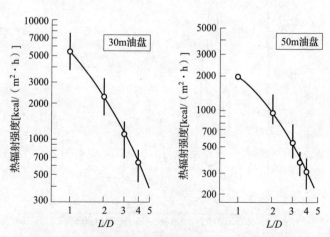

图 6 – 19　热辐射强度与无量纲单位 *L/D* 的关系曲线

第七章　储罐区低倍数泡沫系统设计要点

低倍数泡沫系统本身就是针对可燃液体储罐开发的，随着应用技术的发展，它被推广到其他场所，但可燃液体储罐一直是低倍数泡沫系统主要应用场所，本章重点内容就是储罐区低倍数泡沫系统。第三章已经论述了钢制立式储罐结构形式、火灾场景及泡沫系统设防标准，第四章论述了泡沫液的选择，第五章论述了泡沫设备的选择，本章涉及相应话题时直接引用，不再重复论述了。

第一节　泡沫系统类型与选择

一、系统类型与选择

储罐区低倍数泡沫系统有固定式、半固定式和移动式三种类型，在国家标准《泡沫灭火系统设计规范》GB 50151 中有相关术语的定义。本来《低倍数泡沫灭火系统设计规范》GB 50151—92 第 2.2 节对系统类型与选择作了规定，而后发布的《石油化工企业设计防火规范》GB 50160—92 作了不一致的规定，随后《原油与天然气工程设计防火规范》GB 50183—93 及后来修订的《石油库设计规范》GB 50074 也都针对所管辖领域作了相应规定，为了避免国家标准间矛盾，2000 年局部修订版《低倍数泡沫灭火系统设计规范》GB 50151—92 删除了相关规定，有关系统类型的选择交由上述规范及后来发布的国家标准《石油储备库设计规范》GB 50737 等。

作者从事国家工程标准制修订工作 30 余年，深谙其缺乏分工合作意识，每部标准制修订时都想将所涉内容全涵盖，然"术业有专攻"，所以制修订时多为相互引用外加"挤牙膏"与拍脑门。如上述三部石油石化行业的国标都涉及油气储运方面内容，如其中一部有较松的规定，其他两部随后修订时基本会抄去，留下一些让业内人士莫名的条文。

有关半固定式泡沫系统设计与安装问题，早在《低倍数泡沫灭火系统设计规范》GB 50151—92 中就明确规定连接泡沫产生器管道应引至防火堤外，但在一些单位只引到了储罐壁的根部（见图 7-1），这样安装多为应付。如果本书有幸被有关人员阅读，请及时整改，如若不然，当储罐发生火灾时，灭火救援人员要冒生命危险去使用它，教训已有。

图 7-1　错误的半固定系统

关于移动式泡沫系统使用场所，国家标准《石油化工企业设计防火规范》GB 50160 规定：①罐壁高度小于 7m 或容积等于或小于 $200m^3$ 的非水溶性可燃液体储罐；②润滑油储罐；③可燃液体地面流淌火灾、油池火灾。国家标准《石油与天然气工程设计防火规范》GB 50183 规定：罐壁高度小于 7m 或容积不大于 $200m^3$ 的立式储罐、卧式油罐可采用移动式泡沫灭火系统。除了小型立式油罐外，其他场所的保护面积如何确定变成了无章可循的问题，具体如何设计那就看业主与监管部门沟通结果了。对于移动式泡沫系统的计算面积，根据防护场所的不同情况提出以下四点主张：

1. 对于罐壁高度小于 7m 或容积等于或小于 $200m^3$ 的烃类液体储罐，基本都是固定顶储罐，在保证储罐弱顶结构前提下保护面积按储罐横截面积计算，另外再考虑一支泡沫枪保护防火堤内流散火灾。

2. 对于地面流淌火灾、油池火灾应执行《泡沫灭火系统设计规范》GB 50151；卧式油罐火灾场景及保护面积应按池火计算，如因面积大业主不接受，改罐型或设隔堤。

3. 对于储存闪点高、无罐内着火案例的丙类液体储罐，设计两只泡沫枪或一辆中型泡沫消防车，用于扑救储罐外各种原因导致的流散火。

4. 对于大型石油化工企业或较大储存容量的石油储备基地，在按相关规范设置固定式泡沫系统条件下，另行设置扑救最大储罐全液面火灾的移动设施，当然移动救援设施可以是多家企业共同投资设置的。这完全是作者依据日本做法提出的，我国没有任何一部国家标准提出此项要求。在第二章中提到了日本出光兴产有限公司北海道炼油厂火灾扑救情况，实际上该厂油罐区两天内发生两起火灾，第一起在震后不久，经 7 个多小时扑灭，第二次尽管因客观原因燃尽，但火灾并没有蔓延到其他储罐，正是因为在灭火设施与救援预案上有考虑。再看日本石油储备基地储量与分布（见图 7－2）与日本苫小牧石油共同储备基地消防设施设置情况（见图 7－3），也是做了全液面火灾设防设计。另外，第三章提到的美国诺科炼油厂直径 82.4m 汽油储罐全液面火灾扑救，也达到了全液面火灾设防标准。而我国若干个千万吨级石油储存园区没有一个有这样的预案。

图 7-2　日本石油储备基地储量与分布

图 7-3　日本苫小牧石油共同储备基地消防设施设置情况

二、泡沫喷射形式与选择

储罐区低倍数泡沫系统有液上、液下、半液下三种泡沫喷射形式。

（一）液上喷射泡沫系统

液上喷射泡沫系统是指泡沫产生装置安装在储罐顶部，将泡沫从燃液上方喷放到罐内的低倍数泡沫系统。它大致诞生于20世纪30年代后期，是最早开发应用，且目前应用最为广泛的一种低倍数泡沫系统。适用于各类非水溶性甲、乙、丙类液体储罐和水溶性甲、乙、丙类液体的固定顶、外浮顶、内浮顶储罐。它有固定式、半固定式两种类型，图7-4所示为固定式液上喷射泡沫系统。

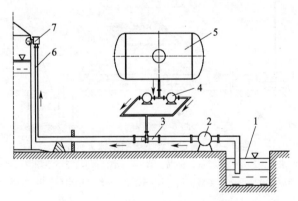

图7-4 固定式液上喷射泡沫系统

1—水池；2—水泵；3—比例混合器；4—泡沫液泵；
5—泡沫液储罐；6—混合液管道；7—泡沫产生器

（二）液下喷射泡沫系统

液下喷射泡沫系统是将高背压泡沫产生器产生的2～4倍泡沫通过泡沫喷射口从液面下喷射到储罐内，泡沫在初始动能和浮力的推动下到达燃烧液面实施灭火的泡沫系统。在二次世界大战期间为抵御战火破坏，英国首先用蛋白泡沫进行液下喷射灭火试验，因蛋白泡沫疏油性能差而未获成功，当时还未开发出适宜的氟碳表面活性剂，配置不出适宜的泡沫灭火剂，因此试验研制工作搁浅。20世纪50年代美国获取英国的试验信息后，进行了该项技术的试验研究，于20世纪60年代先后开发出含氟碳表面活性剂的泡沫灭火剂与高背压泡沫产生器等产品，使液下喷射泡沫灭火技术走向工程应用。我国是在20世纪70年代初开始研发，随着"6201"和高背压泡沫产生器试制成功，自1979年起推广应用。它通常设计为固定式（图7-5）、半固定式（图7-6）两种。

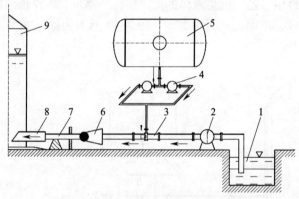

图7-5　固定式液下喷射泡沫灭火系统

1—水池；2—水泵；3—比例混合器；4—泡沫液泵；5—泡沫液储罐；
6—高背压泡沫产生器；7—泡沫管线；8—泡沫喷射口；9—油罐

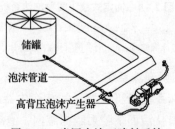

图7-6　半固定液下喷射系统

液下喷射泡沫系统适用于部分非水溶性甲、乙、丙类液体常压固定顶储罐。对于轻石脑油、车用汽油以及密度更低的强挥发性低沸点甲类油品，储罐若采用液下喷射泡沫系统，由于泡沫会使油品翻腾加剧挥发而可能无法灭火。运动黏度大于 $440mm^2/s$ 的丙类液体储罐若采用液下喷射泡沫系统，泡沫可能难以从液下到达液面。

液下喷射泡沫系统一个较突出的问题就是泡沫喷射管上的逆止阀密封不严，有些系统除关闭了储罐根部的闸阀外，在防火堤外又设置了一道处于关闭状态的闸阀，使该系统处于了半瘫痪状态，即使这样，还是漏油；有的系统甚至将泡沫喷射管设置成顶部高于液面的 Ω 形，既给安装带来困难，又增加了泡沫管道的阻力，同时又影响美观。1987 年壳牌石油公司在我国深圳某项目中采用不锈钢爆破膜片，1995 年在天津某油库 $10000m^3$ 煤油储罐液下喷射泡沫系统中也使用了不锈钢爆破膜片，都成功解决了漏油问题。

化学成分中含有氧元素的有机液体呈现一定的极性，各种泡沫喷射到其液体中会因脱水而消泡，致使无法灭火，所以水溶性及含氧添加剂体积比大于 10% 的甲、乙、丙类液体储罐，不能采用液下喷射泡沫系统。液下喷射泡沫系统不适用于内、外浮顶储罐，因为浮顶阻碍了泡沫的流动，使之难以到达预定的着火处。

进入 21 世纪，随着储罐的大型化、浮顶化，液下喷射系统的应用逐渐减少，其应用前景不乐观。

（三）半液下喷射泡沫系统

半液下喷射泡沫系统是瑞典在 20 世纪 50 年代末为应对蛋白泡沫不能用于油罐液下喷射而开发的，它是将一轻质软带卷存于液下喷射管内，当系统使用时，在高背压泡沫产生器产生的泡沫压力和浮力作用下，软带漂浮到燃液表面使泡沫从燃液表面上施放出来实现灭火（图 7-7），它同样适用于水溶性甲、乙、丙类液体固定顶储罐。但由于其结构复杂，不便于系统调试、验收试验及日常维护等，只有极少数国家的工程项目予以使用，我国没用应用。半液下喷射泡沫系统不适用于内、外浮顶储罐。

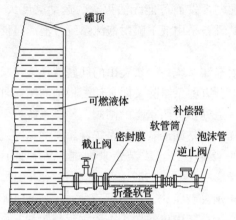

图 7-7　半液下喷射泡沫系统

第二节　固定顶储罐液上喷射泡沫系统设计

美国、日本、苏联相关资料有对泡沫在燃液表面流动距离的论述，其观点也体现在相关标准中。泡沫在燃液表面的流动距离应该与燃液的热释放速率、水溶性液体极性强弱有关，不能一概而论。但其中在燃液表面流动距离 25m 被大多国家接受，我们在无确凿试验数据支撑的情况下，也只有默认，或许对某些轻质液体并不保守。据此，本节只针对直径不超过 50m 的固定顶储罐。

一、泡沫混合液流量

（一）储罐中所需泡沫混合液流量初步计算

1. 按相关规范规定，混合液流量应按其最大的储罐确定。

应注意泡沫混合液设计流量与泡沫混合液设计用量两个参数。对于非水溶性液体与水溶性液体并存的罐区，由于泡沫混合液供给强度不相同，最大设计流量不一定是容量最大的储罐，应对每个储罐分别计算。储罐中所需混合液流量按式（7－1）初算：

$$Q = R\frac{\pi D^2}{4} \qquad\qquad (7-1)$$

式中：Q——泡沫混合液设计流量（L/min）；

　　　R——泡沫混合液供给强度 $[L/(min\cdot m^2)]$；

　　　D——所保护的固定顶储罐直径（m）。

国家标准《泡沫灭火系统设计规范》GB 50151—2010 规定的非水溶性与水溶性甲、乙、丙类液体固定顶储罐最小泡沫混合液供给强度和连续供给时间可能面临修订调整。调整思路是：①根据第四章的论述，对非水溶性甲、乙、丙类液体储罐只规定 3% 型氟蛋白泡沫、水成膜泡沫的设计参数，对水溶性甲、乙、丙类液体储罐只规定 3% 型抗溶水成膜泡沫与部分低黏度抗溶氟蛋白泡沫的适宜设计参数，其他类型泡沫液不再使用；②非水溶性液体固定顶储罐最小泡沫混合液供给强度可能调至 6.0L/$(min\cdot m^2)$，甲类液体的连续供给时间可能调至 60min；③水溶性甲、乙、丙类液体储罐的泡沫混合液供给强度可能会依据液体极性、饱和蒸气压、燃烧热分类有限下调部分液体的供给强度，延长泡沫混合液供给时间，并增加规定的水溶性液体种类。

2. 根据计算所得储罐中所需泡沫混合液流量，依据相关规范对泡沫产生器设置数量的规定确定立式泡沫产生器数量、规格型号。有关泡沫产生器设置数量，从日常防火角度，多设一个，储罐就多一个开口，当泡沫产生器的密封损坏后会威胁到储罐安全，所以设置得越少越好；从灭火角度，多设置一些有利于泡沫灭火，但超过一定数量后，对灭火能效的影响会变小。那么多少适合呢？现用几何方法予以分析。

据上述，一个完好的泡沫产生器所能保护的储罐最大直径不能超过25m。沿罐周均匀布置两个时，所能保护的储罐最大直径为：$D_{MAX} = 25 \times 2^{0.5}$（m）≈36m；当其中一个坏了，剩下的一个能保护的储罐最大直径为25m。如图7-8所示，沿罐周均匀布置三个时，所能保护的储罐最大直径为：$D_{MAX} = 25 \times 2$（m）= 50m；当其中一个坏了，剩下的两个能保护的储罐最大直径为：$D_{MAX} = （2 \times 3^{0.5}/3） \times 25$（m）≈29m，有火灾案例证实可行。同理可计算出沿罐周均匀布置多少个泡沫产生器，所能保护的储罐最大直径。国家标准《泡沫灭火系统设计规范》GB 50151 对泡沫产生器设置数量的规定正是基于此。泡沫产生器工作压力为0.4~0.6MPa。

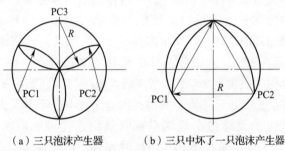

（a）三只泡沫产生器 　　（b）三只中坏了一只泡沫产生器

图7-8　均匀布置三个泡沫产生器

确定泡沫产生器数量与工作压力后，再次计算储罐中所需泡沫混合液流量，其值高于式（7-1）计算值。例如一个直径20m的非水溶性液体固定顶储罐，泡沫混合液最小供给强度按5L/（min·m²），初步计算储罐中所需泡沫混合液流量为1570.8L/min，按规定设置2个泡沫产生器，每个泡沫混合液流量应大于785L/min，向上圆整后选两只 PS16 型立式泡沫产生器，每个额定泡沫混合液流量为960L/min，储罐中所需泡沫混合液流量为1920L/min。现实工程中泡沫产生器的设置五花八门，合理的不多，见图7-9，尽管早已推荐立式产生器，但设计者依然我行我素。

图7-9　不正确布置实例

　　如图5-16所示，立式泡沫产生器是通过自身的泡沫室与罐壁连接的，泡沫室出口安上弧形挡板，这种带弧形挡板的泡沫短管或泡沫室被英、美等国称为固定式Ⅱ型泡沫排放口。对于非水溶性甲、乙、丙类液体固定顶储罐，安装这种Ⅱ型泡沫排放口就符合灭火要求了。对于水溶性液体固定顶储罐，不设缓释装置基本不能灭火，参见表6-22、表6-23，即使是在水中溶解度很低，且经过一次灭火试验的乙酸丁酯、甲基叔丁基醚残液，在4.52m²燃烧盘进行强施放泡沫都不能灭火，其他水溶性可燃液体就无需证明了。本规范规定的设计参数是建立在设有缓冲装置基础上的，现行 NF-PA11 *Standard for Low -，Medium -，and High - Expansion Foam* 解释资料中泡沫Ⅱ型供给能灭火的说法并不准确。再举1984年德国黑尔讷市异丙醇储罐火灾扑救案例佐证，尽管它是采用泡沫炮而不是采用Ⅱ型供给泡沫，但也充分证明缓释放泡沫对扑救水溶性可燃液体储罐火灾的重要性。

　　1984年8月5日17时30分，德国黑尔讷市某化学品公司储罐区一座直径29m、高15m、容量10000m³的13号异丙醇固定顶储罐遭雷击引发剧烈爆炸伴发火灾。该储罐位于一座混凝土防火堤内，起火时罐内储有约4000~5000m³异丙醇，剧烈爆炸导致罐顶被炸飞，基本形成了全液面火灾，爆炸产生的巨大冲击波使得距离储罐 500m 至 1000m 范围内的建筑物门窗均受到不同程度的损坏。第一组消防员抵达现场后，首先对邻近的储罐进行冷却，同时启动泡沫灭火系统。消防队员利用泡沫炮，很快将储罐附近的小规模流淌火控制并扑灭，但在扑救储罐本身火灾时遇到了困难。由于现有力量不足以应对储罐全液面火灾，灭火指挥部向邻近区域消防部门紧急请求调运消防人员和泡沫进行增援。增援力量赶到后，当晚 19 时整，消防队员开始进行第二次灭火。但由于强烈的上升气流影响，喷洒到罐顶的大部分泡沫被吹走而无法有效到达罐内，因此无法达到预定的灭火效果。直至储存的泡沫几乎被用光时，仍没有能够控制火灾。20时火场指挥部决定停止灭火尝试。21 时，鉴于泡沫无法有效喷射到罐内，经过指挥部商议，决定尝试采用稀释罐内物料的方法以代替泡沫灭火，利用进料管线直接向储罐内注水，并对周围的储罐继续进行持续冷却保护。注水稀释一直持续到次日白天。8 月 6 日 18 时，随着罐内物料浓度逐渐降低，稀释操作开始取得效果，火焰强度明显降低，19 时 30 分火灾被完全控制。20 时，在起火 27 小时后，火灾被彻底扑灭。在此次灭火过程中，总共使用了 54144m^3 消防水和 57.6t 抗溶水成膜泡沫。如果要总结此次火灾扑救经验的话，就是利用异丙醇与水混溶这一特性而采用了稀释灭火。由于异丙醇等与水混溶的可燃液体在较低浓度时仍具有较高挥发性和可燃性，实际灭火过程中需要大量水才能将其稀释到不再燃烧的程度，为此，在稀释操作前必须对储罐容量进行评估，以防稀释后的异丙醇溶液从罐内溢出进而形成流淌火。另外，能否采用稀释可燃液体灭火，取决于可燃液体与水的溶解度，如溶解度较低则稀释灭火是不可取的。

目前我国开发的泡沫缓释罩与立式泡沫产生器安装见图 7 - 10。

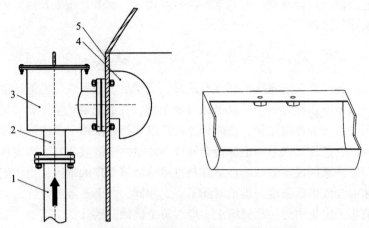

图7-10　泡沫缓释罩与立式产生器安装图

1—混合液管道；2—产生器本体；3—泡沫室；4—泡沫导流罩；5—罐壁

（二）系统泡沫混合液最大流量初算

在扑救储罐区火灾时，除了储罐上设置的泡沫产生器外，可能还同时使用辅助泡沫枪。所以，计算储罐区泡沫混合液设计流量时，应包括辅助泡沫枪的流量。为保证最不利情况下泡沫混合液流量满足设计要求，计算时应按流量之和最大的储罐确定。计算完成后乘以相应的裕度系数，确定供水管道与泡沫混合液管道直径，选择供水泵。

（三）计算系统泡沫混合液最大流量

选择供水泵时，其扬程与流量和上述计算值通常是不吻合的，需要带水泵进行水力计算，计算时需采用迭代法，不过目前都用计算软件了，这种计算已不再复杂。国家标准《泡沫灭火系统设计规范》GB 50151—2010规定了压力损失计算式，视工程情况采纳即可。有些工程项目错误地按储罐保护面积乘以规范规定的最小泡沫混合液供给强度，再加上辅助泡沫枪流量选择泡沫消防水泵，由于实际设置的泡沫产生器的能力大于其计算值，致使系统无法正常使用。为此强调指出：应按系统实际设计泡沫

155

混合液强度计算确定罐内泡沫混合液用量，而不是按规范规定的最小值去确定。

二、泡沫液与水用量及储存温度

在计算确定系统泡沫混合液最大流量后，依据规定的泡沫混合液连续供给时间、辅助泡沫管枪用量、管道剩余量可计算确定系统泡沫混合液用量，进而计算确定泡沫液与水用量。应注意泡沫混合液设计流量与泡沫混合液设计用量两个参数，对于固定顶和浮顶罐同设、非水溶性液体与水溶性液体并存的罐区，由于泡沫混合液供给强度与供给时间不一定相同，两个参数的设计最大值不一定集中到一个储罐上，应对每个储罐分别计算。按泡沫混合液设计流量最大的储罐设置泡沫消防水泵，按泡沫混合液设计用量最大的储罐储备消防水和泡沫液。尚应指出，3% 型泡沫混合装置的混合比在 3% ~ 3.9% 满足产品标准要求，系统设计时，设计者无法精确确定混合比，建议至少按 3.3% 确定泡沫液用量，按 3.9% 确定泡沫液储罐容量。

泡沫液储存在高温潮湿的环境中会加速其老化变质；储存温度过低，泡沫液的流动性会受到影响。另外，当泡沫混合液温度较低或过高时，发泡倍数会受到影响，析液时间会缩短，泡沫灭火性能会降低。尽管国家标准《泡沫灭火系统设计规范》GB 50151—2010 规定配置泡沫混合液用水温度宜为 4 ~ 35℃，在条文说明中讲述泡沫液的储存温度通常为 0 ~ 40℃，然而国内外公认的最佳温度为 20℃，条件允许时泡沫液与水的储存温度尽可能接近 20℃。淡水是所有泡沫液配制成泡沫混合液的最理想水源，使用淡水是最为安全的。一些泡沫液具有耐海水性能，它们可以使用海水。有些地方天然水源丰富，但水较混浊，若使用该水源，应在进口设置过滤器，如含泥沙量太大，最好建沉淀池。如使用经过处理的污水，应经过权威机构的检测认可，不能使用不利于泡沫灭火的水。

三、系统控制方式

对于固定顶储罐，由于没有可靠的火灾探测手段，我国相关规范没有规定采用自动控制，所以一般都选择手动控制方式，为了适当提高泡沫灭火系统的防范能力，国家标准《泡沫灭火系统设计规范》GB 50151—2010 规定："当储罐区固定式泡沫灭火系统的泡沫混合液流量大于或等于 100L/s 时，系统的泵、比例混合装置及其管道上的控制阀、干管控制阀宜具备遥控操纵功能"。目前储量较大的罐区大都设有工业电视监控系统，并且固定顶储罐内火灾大都伴随爆炸，发现大火并不困难，只要系统操纵程序化基本满足灭火要求。

第三节　固定顶储罐液下喷射泡沫系统设计

本章第一节已论述了液下喷射泡沫系统适用场所，它适用面较窄。有关储罐中所需泡沫混合液流量计算、泡沫消防水泵与比例混合装置选择、供水管道与泡沫混合液管道口径确定同第二节，不再重复论述了。

一、泡沫混合液供给强度与连续供给时间

《泡沫灭火系统设计规范》GB 50151—2010 规定液下喷射泡沫系统最小泡沫混合液供给强度为 $5.0L/(min \cdot m^2)$，最小连续供给时间为 40min。今后不排除将泡沫混合液供给强度与连续供给时间调整为 $5.0L/(min \cdot m^2)$ 和 60min。但泡沫混合液供给强度太大对灭火并无益处，通常不宜超过 $9L/(min \cdot m^2)$。由于液下喷射的泡沫要穿过油层，储存温度过高会破坏泡沫稳定性，导致泡沫消失而失去灭火作用，精确温度数值可能不会有人试验测试了，我们认为 50℃ 应是上限温度了，限定的温度一般对中、轻质原油不存在障碍，重质原油一般不能采用，所以《泡沫灭

火系统设计规范》GB 50151—2010 规定"对于储存温度超过 50℃或黏度大于 40mm²/s 的液体，其泡沫混合液供给强度应由试验确定"。

二、高背压泡沫产生器的设置

高背压泡沫产生器型号与数量的确定过程同本章第二节，高背压泡沫产生器设置数量确定理念有别于液上喷射，例如一个直径 20m 的非水溶性液体固定顶储罐，最小泡沫混合液流量为 1570L/min，宜选两只 PCY900 型高背压泡沫产生器，每只额定泡沫混合液流量为 900L/min。尽管同为 2 个泡沫产生器，此处意在泡沫产生器的互为备用，向储罐施放泡沫的口是一个。高背压泡沫产生器出口背压为泡沫管道阻力与储罐液体静压力之和，且不能超过高背压泡沫产生器允许的最大出口压力，否则不能有效产生泡沫；背压也不能太小，否则泡沫的发泡倍数会超出要求的 2～4 倍，不利于灭火。通常制造商在其产品说明书中标出高背压泡沫产生器进、出口工作压力范围，设计时要保证。

高背压泡沫产生器的进口侧应设置检测压力表接口，其出口侧应设置压力表、背压调节阀和泡沫取样口。由于高背压泡沫产生器进、出口管道上有控制或调节阀门，应将它设置在防火堤外。为便于控制或调节，当需要两个或两个以上的高背压产生器时，宜将它们并联使用。

三、泡沫喷射口的设置

泡沫喷射口是指向储罐内液下喷射泡沫的那一管段。以往试验表明：泡沫进入油品的速度太快会增加泡沫带油率，不利于灭火，泡沫进入油品的速度通常限制为，甲、乙类不大于 3m/s，丙类不大于 6m/s。泡沫喷射口的直径应满足系统对泡沫流速的限制要求。为保证流体力学参数的稳定，泡沫喷射口的长度不得小于喷射口直径的 20 倍。国内一些设计者将泡沫管道理解为泡沫喷射管，从高背压泡沫产生器出口至储罐内的泡沫喷射口均设计成等径管道，这样设计对某些工程可能并不理想，为此有必要将它们予以区别，给设计以灵活性。

现行国家标准《泡沫灭火系统设计规范》GB 50151—2010规定"当设有一个以上喷射口时，应沿罐周均匀设置，且各喷射口的流量宜相等"。不排除今后修改为"泡沫喷射口数量超过 1 个时，泡沫喷射口可分别与罐壁连接；也可由一干管与罐壁连接后在罐内分成多个支管，每个泡沫喷射口的泡沫流量宜相等，且泡沫喷射口的设置应保证泡沫在液面上水平流动距离不超过 25 m"。为防止泡沫喷射到储罐的积水层内而使泡沫被破坏，泡沫喷射口应安装在高于最高积水层 0.3 m之上。

第四节　浮顶储罐液上喷射泡沫系统设计

一、泡沫产生器设置方式

从 2000 年版国家标准《低倍数泡沫灭火系统设计规范》GB 50151—92 到现行国家标准《泡沫灭火系统设计规范》GB 50151—2010，规定了泡沫产生器和泡沫喷射口安装于罐壁顶部与浮顶上两种方式见图 7 - 11、图 7 - 12。当时认为泡沫喷射口设置在浮顶上能克服风对泡沫喷射的影响，可减小泡沫堰板与罐壁间的距离，节约泡沫。但在我国，后者发生过多起软管或与软管连接的带法兰短管开裂的事故，维护检修难度太大，故障难以及时发现，尤其是 2010 年 3 月宁波镇海某 10×10^4 m³ 原油储罐密封爆炸火灾，启示业界这种安装方式不安全，应回归传统。

159

图 7 – 11　泡沫喷射口安装于罐壁顶

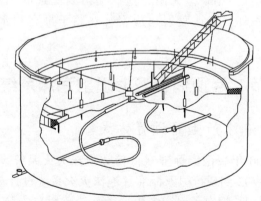

图 7 – 12　泡沫产生器安装于浮顶上

　　将泡沫产生器和泡沫喷射口安装于外浮顶储罐浮顶上，若面对浮顶被破坏或沉没火灾，将毫无作用。另外，公安部天津消防研究所在十二五国家科技支撑计划课题"化学工业园区火灾防治技术研究"研究过程中，在相关部门、单位的协作下，在大连开展了 $10 \times 10^4 \mathrm{m}^3$ 原油储罐顶部冷喷泡沫试验（图 7 – 13），见证了顶部施放泡沫效果，并且多起大型外浮顶储罐密封圈火灾灭火案例也证明顶部施放泡沫能有效控火或灭火。

图7-13 罐壁顶部冷喷泡沫试验照片

目前，我国外浮顶储罐基本采用二级密封形式（图7-14），顶喷泡沫的固定系统控火后往往需要消防员登顶扒开二次密封用管枪喷泡沫灭残火，在梯子平台上设置管牙接口或二分水器就是出于此目的。从实际灭火案例看，对单罐容量在 $10 \times 10^4 \mathrm{m}^3$ 及以上储罐，设置两个盘梯为宜。

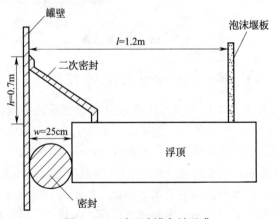

图7-14 浮顶油罐密封形式

二、泡沫导流装置设置

为使泡沫覆盖环形密封区，就需要在浮顶上设置避免泡沫在整个浮顶上漫流的环形围堰，其围堰称为泡沫堰板，见图7－15。《泡沫灭火系统设计规范》GB 50151—2010规定泡沫堰板与罐壁最小间距为0.6m，我国$5 \times 10^4 m^3$及以上外浮顶储罐一般将这一间距设计为1.2～1.5m，为保障顶喷泡沫基本落到环形密封区，必须设置泡沫导流罩，图7－15是英国使用的结构形式，只要满足要求，其他结构形式不限。

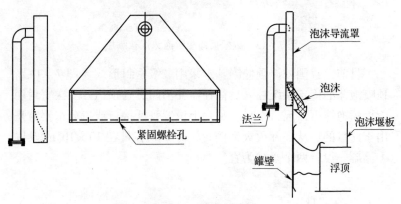

图7－15　泡沫导流罩

三、泡沫炮对密封圈火灾的作用

2006年8月7日中国石化管道公司南京输油处仪征输油站16号$15 \times 10^4 m^3$原油外浮顶储罐雷击火灾，在有泡沫炮无效干扰的条件下固定泡沫系统连续供给泡沫26min。其泡沫灭火系统设计是按环形密封区顶喷泡沫确定的系统泡沫混合液流量与压力，并已竣工，后在相关部门要求下增设了固定炮，但泡沫消防水泵及管道没有相应变更，火灾时现场操作人员将所有消防设施全部开启，泡沫系统不能正常工作，后来关闭了泡沫炮，泡沫系统才正常工作。在此特别强调，扑救外浮顶储罐密封圈火灾使用泡沫炮，特别是大流量炮非常危险，很容易将浮盘击沉而导致储罐全液面火灾，国内外都有教训可吸取。早在2000年版《低倍数泡沫灭火系统设计规范》GB 50151—92 中就明确规定泡沫炮不应用于外浮顶储罐密封圈火灾，现行国家标准《泡沫灭火系统设计规范》GB 50151—2010 将其列为强制性条文，希望本书能为有关人员进行科普。

四、泡沫混合液供给时间

从以往灭火案例看，除了上述仪征输油站 16 号 $15 \times 10^4 \mathrm{m}^3$ 原油外浮顶储罐雷击火灾固定泡沫系统连续供给泡沫 26min 外，其他多起 $10 \times 10^4 \mathrm{m}^3$ 外浮顶油罐灭火扑救用时未见有超过 20min 的，所以规定泡沫混合液供给时间不小于 30min 是有依据的。但扑救密封圈火灾多须救援人员登顶，如第三章所述，需要保护登顶人员免遭雷击，为此合理延长泡沫混合液供给时间，灭火时采用间断供给泡沫方式控制火灾、等待安全时机登顶是规范制修订者及业主应做的事，今后可能将泡沫混合液供给时间延至 60min。

第五节　内浮顶储罐液上喷射泡沫系统设计

除了第三章第一节所述形式的内浮顶储罐外，实际工程中，浮盘五花八门。不锈钢材料等制作浮盘的浮筒式内浮顶储罐，并不比铝合金等易熔材料浮盘的火灾概率低，且火灾也基本为全液面火灾，但其残存浮盘不易沉没，导致泡沫难以覆盖燃烧液面而无法灭火，已投用的此类汽油罐单罐容量达到 $5 \times 10^4 \mathrm{m}^3$，且按环形密封火灾场景设防。另有少量用合成材料做浮盘的大型内浮顶储罐也是按环形密封火灾场景设防。再有敞口隔舱式若按环形密封区设防，在设置泡沫堰板时，须将敞口隔舱处用钢板焊封，导致不必要的麻烦，《石油库设计规范》GB 50074—2014 与《石油储备库设计规范》GB 50737—2011 禁止选用此种形式的储罐。需要呼吁，不是什么形式的内浮顶储罐火灾都能用泡沫系统扑灭，为此，对于固定式系统没有成功灭火尝试或预料不能灭火的内浮顶储罐，《泡沫灭火系统设计规范》GB 50151 不应也不能予以兜底，应自行试验确定。本节未论述的内浮顶储罐今后可能都会排除在国家标准《泡沫灭火系统设计规范》GB 50151 之外。

内浮顶储罐通常储存火灾危险性为甲、乙类的液体。由于火灾时炽热的金属罐壁和泡沫堰板及密封对泡沫的破坏，其泡沫混合液供给强度也应大于固定顶储罐的泡沫混合液供给强度；到目前为止，按环形密封区设防的水溶性液体浮顶储罐，尚未开展过灭火试验，但无疑其泡沫混合液供给强度应大于非水溶性液体。以下论述综合了这两方面的分析，并参照了对固定顶储罐与外浮顶储罐的相关论述。

一、钢制单盘式、双盘式内浮顶储罐

（一）保护面积

钢制单盘式、双盘式内浮顶储罐有固定顶，其浮盘与罐内液体直接接触，挥发出的可燃蒸气较少，且罐上部有排气孔，浮盘以上的罐内空间整体爆炸着火的可能性极小，比外浮顶储罐安全。由于该储罐的浮盘不宜被破坏，可燃蒸气一般存于密封区，与钢制单盘式或双盘式外浮顶储罐一样，发生火灾时，火灾场景为基本局限在密封处密封圈火灾，所以此类储罐的保护面积与外浮顶储罐一样按罐壁与泡沫堰板间的环形面积确定。

按密封圈火灾设防，须在浮盘上设置泡沫堰板，由于风对内浮顶储罐影响较小，现行国家标准《泡沫灭火系统设计规范》GB 50151—2010 规定泡沫堰板距离罐壁不应小于 0.55m，堰板高度不应小于 0.5m，切记因内浮盘上不设排水设施，泡沫堰板上不得开排水口，否则浮盘有过载倾覆之险。

（二）设计参数

1. 单个泡沫产生器保护周长同外浮顶储罐一样不应大于 24m。

2. 建议非水溶性液体的混合液供给强度不应小于15L／(min·m²)，水溶性液体的混合液供给强度不应小于18L／(min·m²)。

3. 建议泡沫混合液连续供给时间不应小于30min。

(三) 导流设施设置

由于泡沫堰板距离罐壁小，试验表明目前采用的图5-16所示泡沫产生器标配弧形挡板安装方式，有相当多泡沫明显损失在环形密封区外，所以应按图7-10所示设置泡沫缓释罩。

二、铝合金材质的浮筒式内浮顶储罐

(一) 储罐直径与储存液体

对于铝合金等易熔材料浮盘，其火灾案例较多，且多表现为浮盘被破坏的全液面火灾，安全性较差。已知靠固定式系统灭火的案例有1×10^4m³凝析油储罐 (事后测其凝析油相对密度大于0.8)，限定其直径小于40m，且储存闪点不低于45℃的乙、丙类液体为宜。

(二) 设计参数

1. 保护面积同固定顶储罐，按储罐横截面积计算。

2. 泡沫混合液供给强度与连续供给时间应按固定顶储罐确定。

3. 立式泡沫产生器的设置，除按固定顶储罐确定外，且数量不应少于两个。

4. 水溶性甲、乙、丙类液体应设置图7-10所示的泡沫缓释罩。

第六节　其他要点问题

一、泡沫消火栓与辅助泡沫枪设计

一是储罐发生火灾时，可能会有零星液体溅出，在防火堤内形成流散火灾；二是因可燃液体跑冒滴漏在防火堤内形成小规模流散火灾。为此国家标准《泡沫灭火系统设计规范》GB 50151—2010 规定设置固定式泡沫系统的储罐区，宜在其防火堤外均匀设置泡沫消火栓，以备辅助泡沫枪扑救液体流散火灾之用。从《低倍数泡沫灭火系统设计规范》GB 50151 用词"应"到现行规范的"宜"，观念已发生了变化，毕竟操作泡沫枪灭火不是一般操作工能做的事，需要训练有素的灭火救援人员操作，所以对于设置了消防站，并配备了泡沫消防车的企业，无需再设置泡沫消火栓等。但泡沫枪一定要保障，且对于 $5 \times 10^4 m^3$ 以上的储罐尚应增加泡沫枪数量。

二、泡沫消防泵站

（一）泡沫消防泵站与被保护储罐的间距

国家标准《泡沫灭火系统设计规范》GB 50151—2010 已经规定泡沫消防泵站与被保护甲、乙、丙类液体储罐或装置的距离不宜小于 30m，且当泡沫消防泵站与被保护甲、乙、丙类液体储罐或装置的距离在 30～50m 范围内时，泡沫消防泵站的门、窗不宜朝向保护对象。然而某国家标准另起炉灶来减小这一救命间距，多起火灾案例表明在这一间距下消防泵站被爆炸冲击波摧毁，所以不应是如何想方设法减小这一间距，而应该结合实际工程合理扩大这一间距。

（二）泡沫消防泵设置

作者在审查验收我国一些依托码头的输油首站时发现一普遍问题，主用泵储罐区与码头是分设的，这没有问题，可是备用消防泵共用，由于码头设置的消防炮需要较高的工作压力，所以其消防泵扬程、流量比储罐区高出很多，其泵没有进行节流减压与流量调节就与罐区管道连接。这样做的后果是，一旦储罐区启动备用泵，系统一定不能正常工作。现行国家标准《石油库设计规范》GB 50074—2014 又规定了同时储存原油、成品油、化工液体、液化烃的特级石油库，消防系统按同一时间内一次原油火

166

灾与非原油火灾设计，不知规范制定者是否设计过，又不知难倒多少人。

（三）泡沫消防泵站动力源

由于近年来的储罐火灾供电设施多被雷击或相关构筑物爆炸火灾破毁，公安消防业内提高动力源可靠性的期盼愈加强烈。2016年7月19日至20日，住建部标准定额司召集公安部消防局、国家安全生产监督管理总局、国家能源局、中国石化与中国石油集团公司标准主编部门有关领导与管理人员、相关规范编制组主要起草人及业内专家在北京召开了石油石化相关国家标准协调会，其中就消防水泵动力源问题达成如下共识：

1. 石油化工园区、大中型石化企业，石油储备库消防水系统，应采用一级供电负荷电机拖动的消防泵作主用泵，采用柴油机拖动的消防泵作备用泵；

2. 其他石化企业及特级、一级石油库和石油天然气站场消防水系统，应采用电机拖动的消防泵作主用泵，采用柴油机拖动的消防泵作备用泵；

3. 二级、三级石油库和石油天然气站场消防水系统，可采用电机拖动的消防泵作主用泵，采用柴油机拖动的消防泵作备用泵，也可采用柴油机拖动的消防泵作主用和备用泵；

4. 主用泵与备用泵扬程和流量均应满足整个消防系统的供水要求，且对柴油机的性能与设置场所工况条件提出适宜的严格规定。

泡沫消防水泵的动力源将以以上共识为基础进行修改。另外，对于上述未涵盖场所的泡沫消防水泵的动力源，拟做如下修改：

1. 泡沫－水喷淋系统、中倍数与高倍数泡沫系统，可采用全部由一级供电负荷的电动机消防泵供水；也可采用由二级供电负荷的电动机消防泵作主动供水泵，采用柴油机消防泵作备用供水泵；

2. 四级及以下独立石油库与油品站场、防护面积小于200m² 单个非重要防护区的泡沫－水喷淋系统或中倍数与高倍数泡沫系统，可采用由二级供电负荷的电动机消防泵或柴油机消防泵供水。

三、泡沫站

有些储罐区规模较大、罐组较多，如果将泡沫供给源集中到消防泵站，5min内不能将泡沫混合液或泡沫输送到最远的保护对象，延误灭火。在此类情况下，可设置独立泡沫站，有的工程甚至设置了两个以上的泡沫站，以满足输送时间的要求。为了安全使用，独立泡沫站必须设置在防火堤外，与甲、乙、丙类液体储罐罐壁的间距应大于20m，且应具备遥控功能。现实中的问题有三，一是不知设计者是否故意将泡沫站紧贴非被保护罐组防火堤一角，勉强做到了与被保护的储罐间距20m，而与其他储罐间距较小，这是不安全的，也不符合规定；二是备用泵动力源采用了廉价的农用柴油机，作者走访的几家其柴油机没有能启动的，为防凝结水影响，国外有给柴油机排气管做电伴热的，但价格基本十倍于国内农用柴油机；三是为防冻给泡沫站建房，有的还将控制装置设于其房内，尽管相关规范没有明确禁止，说其不安全设计者也不一定接受，但靠近储罐的封闭空间能否形成爆炸氛围不是任何人的一句话能保证的，并且储罐着火时相关设备可能需要手动，保证操作人员安全可能成为一大问题，建议应采用伴热方式解决防冻问题，包括国外项目在内有不少工程是这样做的。

第七节　七氟丙烷泡沫系统设计

一、系统简介

七氟丙烷泡沫灭火系统是公安部天津消防研究所和杭州新纪元消防科技有限公司，为了解决低沸点可燃液体储罐无可靠灭火系统的技术难题，于2008年自主研发的一种新型灭火系统。该系统主要针对诸如轻烃、正戊烷、异戊二烯、拔头油、抽余油、环氧丙烷、二乙胺、乙醚等空气泡沫系统无法实施灭火的低沸点易燃液体储罐火灾。它兼具了泡沫的隔离、冷却与七氟丙烷的化学抑制等灭火机理，超越其各自独立系统的灭火功效。目前，该系统已日臻完善，相关的工程标准和产品标准均已发布实施，其工程设计标准为《七氟丙烷泡沫灭火系统技术规程》CECS 394—2015，产品标准为《七氟丙烷泡沫灭火系统》GA 1288—2016。

七氟丙烷泡沫灭火系统用七氟丙烷替代空气发泡。七氟丙烷气体的密度约是空气的 6 倍，利用七氟丙烷灭火剂发出的泡沫均匀、致密，覆盖隔离作用及抗烧性能明显优于空气泡沫。另外，由于七氟丙烷20℃时饱和蒸气压为 0.3MPa，在灭火系统管道内呈液态，与泡沫混合液能充分混合且为液体单相流，便于系统的工程应用。为保证泡沫层牢固封住低沸点液体，控制的发泡倍数在 8 ~ 10 倍，属于低倍数泡沫范畴。

七氟丙烷泡沫系统流程图见图 7 – 16。该系统主要由供水系统、泡沫液储罐、七氟丙烷储存装置、泡沫比例混合装置、七氟丙烷比例混合装置、七氟丙烷泡沫产生器、阀门和管道等部件组成。灭火系统启动后，消防水流通过泡沫比例混合装置和泡沫液混合，形成泡沫混合液，泡沫混合液再经过七氟丙烷比例混合装置和七氟丙烷液体混合，形成一定比例的七氟丙烷泡沫混合液，该混合液通过七氟丙烷泡沫产生器后产生一定倍数的七氟丙烷泡沫，施加到燃液表面进行灭火。

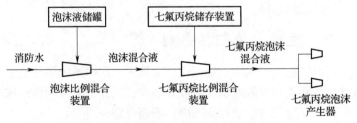

图 7 – 16　七氟丙烷泡沫灭火系统流程图

二、七氟丙烷替代空气发泡的原理和优势

七氟丙烷泡沫系统主要靠七氟丙烷气化发泡。由于系统混合液管道工作压力大于七氟丙烷饱和蒸气压，注入泡沫混合液中七氟丙烷在管道中仍呈液体状态，在流体紊流条件下和泡沫混合液均匀混合，当混合液进入泡沫产生器后，通过孔板喷入发泡腔，压力降至大气压，混合液中的七氟丙烷液体将迅速气化产生泡沫。

从饱和蒸气压到灭火功效，卤代烷 1211 无疑是最合适的。因为 Br 为第四周期卤族元素，F 第二周期卤族元素，F：C 要比 Br：C 共价键断裂难得多，这也是七氟丙烷比卤代烷 1211 灭火功效低的原因。但其已被淘汰多年，只能选择七氟丙烷。七氟丙烷 ODP 值为零。

另外，空气替代物的选择还应考虑其工程设计与应用，便于系统水力计算，若为多相流，则水力计算会较难进行。液上喷射泡沫系统产生器额定工作压力大都为 0.5MPa，所选替代物在常温下的饱和蒸气压小于 0.5MPa 时，即可实现液体输送。但空气代替物的饱和蒸气压也不宜过低，过低时混合液喷到发泡腔时，其气化程度达不到发泡要求。七氟丙烷饱和蒸气压和液上喷射泡沫产生器的工作压力相接近，比较适宜代替空气进行发泡，这样系统不会有太大变化，只需增加相应的七氟丙烷供给系统、比例混合装置及更换成七氟丙烷泡沫产生器即可。为此，目前七氟丙烷无疑是最佳选择。

三、主要系统组件介绍

与低倍数空气泡沫系统相比，七氟丙烷泡沫系统增加了七氟丙烷供给系统和七氟丙烷比例混合装置，另外，七氟丙烷泡沫产生器和空气泡沫产生器有所不同，下面分别介绍。

七氟丙烷供给系统主要负责向比例混合装置输送七氟丙烷，

可采用三种方式，一种是内储压供给方式，即目前七氟丙烷气体灭火系统常用的瓶组式系统，七氟丙烷采用氮气加压，共同存储在气瓶中；另一种是外储压方式，七氟丙烷单独储存在一个压力容器中，靠储存在其他瓶组中的氮气来输送；还有一种是泵组式系统，即靠泵来输送七氟丙烷液体。从系统应用角度来讲，泵组式系统和外储压式系统要优于瓶组式系统，但目前七氟丙烷气体灭火系统仅有内储压系统在大规模应用，为便于产品检测和市场应用，七氟丙烷泡沫系统目前仅采用内储压方式供给七氟丙烷。

七氟丙烷比例混合装置主要作用是将七氟丙烷液体和泡沫混合液按设定的比例混合，目前主要用平衡式比例混合装置，其原理和空气泡沫系统的平衡式比例混合装置相同，主要利用平衡阀来调节混合比。

七氟丙烷泡沫产生器和普通的空气泡沫产生器有所不同，因系统靠七氟丙烷气化来发泡，所以七氟丙烷泡沫产生器不能有吸空气口，这也是七氟丙烷泡沫产生器和普通的泡沫产生器在外观上的主要区别。

七氟丙烷泡沫产生器在应用时要注意两点：一是要选用立式产生器。和空气泡沫产生器一样，横式产生器在火灾时容易遭到破坏，而立式产生器在储罐爆炸时，被损坏的概率要小得多，具体论述见本书第五章。另一方面，从火灾危险性来讲，低沸点可燃液体储罐的火灾危险性比其他立式可燃液体储罐要大。因此，在七氟丙烷泡沫系统中要选用立式产生器。二是要注意七氟丙烷泡沫产生器的最低工作压力。由于七氟丙烷的饱和蒸气压随温度变化较大，为防止其在管道内气化，就要保证系统末端的压力不能太低。七氟丙烷液体的饱和蒸气压在 30℃ 时为 0.43MPa，35℃ 时为 0.51MPa，目前泡沫产生器的工作压力一般在 0.4～0.6MPa，所以七氟丙烷泡沫产生器在水源温度不高于 30℃ 的情况下，工作压力不能低于 0.4MPa，高于 30℃ 时，不能低于 0.5MPa。

四、系统设计

系统设计流程和空气泡沫系统基本相同，不再赘述。下面仅对主要问题做一介绍，系统具体设计要求还需参考行业标准《七氟丙烷泡沫灭火系统技术规程》CECS 394—2015。

（一）对灭火剂的相关要求

系统涉及两类灭火剂，即泡沫液和七氟丙烷。对于泡沫液，一般采用灭火性能级别最高的产品，如：对于普通泡沫液，灭火性能级别应为 I 级，抗烧水平应为 A 级；对于抗溶性泡沫液，灭火性能级别应为 ARI 级，抗烧水平应为 A 级。低沸点可燃液体饱和蒸气压高，火灾扑救难度远大于普通可燃液体储罐。因此，选择灭火性能最高的泡沫液，有利于快速灭火。另外需要注意的是，同时保护水溶性液体储罐和非水溶性液体储罐时，需要用抗溶性泡沫液。对于七氟丙烷灭火剂，其各项性能指标要满足国家标准《七氟丙烷（HFC227ea）灭火剂》GB 18614 的要求。

七氟丙烷灭火剂在系统的作用有两个：一是发泡，系统主要靠七氟丙烷在压力骤降时的气化作用来发泡；二是灭火，即靠其化学抑制作用起到一定的灭火作用。因此，在实际应用中，为保证发泡性能并起到一定的灭火作用，七氟丙烷在混合液中需要占到一定比例，经试验研究，七氟丙烷混合比不低于 5% 时，发泡性能较好。

七氟丙烷灭火剂的储存温度为 0~50℃，泡沫液的储存温度要符合泡沫液使用温度的要求，一般为 0~40℃。除灭火剂外，系统采用的水源水温不宜过高，一般要控制在 4~35℃。因为对于低沸点可燃液体储罐来说，由于储存液体沸点低，若水源水温过高，对灭火不利，另外，七氟丙烷的饱和蒸气压也会随着温度的升高而升高，根据相关资料，在 35℃ 时，七氟丙烷的饱和蒸气压为 0.51MPa，基本和泡沫产生器的额定工作压力相当，当水温过高时，可能会导致七氟丙烷在管道内部分气化。

（二）系统形式的选择

应用于低沸点可燃液体储罐时，七氟丙烷泡沫系统只适合采用固定式液上喷射系统。由于罐内储存的液体沸点低，喷洒泡沫过程中若对液面扰动过大，会加速液体蒸发，不利于灭火，因此不能采用移动式系统。对于半固定式系统，因需要同时供给七氟丙烷和泡沫液，实现起来比较困难。另外，从系统响应角度来说，低沸点可燃液体火灾一般发展快，燃烧迅速，发生火灾后需要快速响应，移动式系统和半固定式系统响应速度慢，因此，需要采用固定式系统。对于液下和半液下系统，当泡沫经过液体时会对液体产生较大扰动，加速液体蒸发，不利于灭火，因此，也不能采用。

（三）主要设计参数

1. 保护面积：采用七氟丙烷泡沫系统保护低沸点可燃液体储罐时，不论何种类型的储罐，均要按全液面火灾设防，即保护面积按储罐的横截面积计算。这主要是考虑到低沸点液体储罐的火灾扑救难度比一般储罐要大许多，采用内浮顶储罐时，发生全液面火灾的概率要大，且由于其燃烧剧烈，对周围环境影响较大，发生火灾时需要快速灭火，因此，不论何种类型的储罐，均需要按全液面设防。

2. 供给强度和连续供给时间：对于沸点低于45℃可燃液体储罐，七氟丙烷泡沫混合液供给强度不低于 $12L/(min \cdot m^2)$，连续供给时间不低于 15min。这些参数是基于环氧丙烷和正戊烷等液体的实体灭火试验得到的。

3. 七氟丙烷泡沫混合液设计用量：和空气泡沫系统的设计相同，七氟丙烷泡沫混合液设计用量应按被保护储罐的罐内用量、辅助泡沫枪用量、管道剩余量之和最大的储罐确定。确定七氟丙烷泡沫混合液设计用量时，需要对拟采用七氟丙烷泡沫系统的储罐分别进行计算，以确定最大设计用量。

4. 七氟丙烷灭火剂设计用量：对于内储压系统，七氟丙烷

173

灭火剂设计用量包括利用七氟丙烷泡沫混合液设计用量和混合比进行计算的灭火用量，同时还包括七氟丙烷储存装置的剩余量及瓶组集流管内的剩余量。具体可按下式计算：

$$V_q = CV_0 + N_c V_{cs} + V_{js} \qquad (7-2)$$

式中：V_q——七氟丙烷液体设计用量（L）；

　　　V_0——七氟丙烷泡沫混合液设计用量（L）；

　　　C——七氟丙烷混合比（%）；

　　　N_c——系统所需七氟丙烷储存容器的数量（个）；

　　　V_{cs}——单个储存容器内七氟丙烷液体剩余量（L），可按储存容器内引升管管口以下的容器容积计算；

　　　V_{js}——七氟丙烷储存装置集流管内液体剩余量（L）。

计算瓶组中七氟丙烷的剩余量需要知道瓶组数量，为了简化计算，可以将瓶组内氮气的状态变化视为等温过程，这样瓶组数量可按下式计算，需要注意，计算结果要向上圆整。

$$N_c = \frac{P_c (CV_0 + V_{js})}{(P_c - P_{cs})(V_c - V_{cs})} K \qquad (7-3)$$

式中：P_c——七氟丙烷储存容器的贮存压力（MPa，绝对压力）；

　　　P_{cs}——七氟丙烷储存容器的剩余压力（MPa，绝对压力）；

　　　V_c——单个七氟丙烷储存容器的容积（L）；

　　　K——裕量系数（不小于 1.05）。

关于七氟丙烷储存容器的贮存压力 P_c，按照现行国家标准《气体灭火系统设计规范》GB 50370—2005，七氟丙烷瓶组的增压压力分为三个等级（2.6MPa、4.3MPa 和 5.7MPa），考虑到七氟丙烷灭火系统的工作压力，并便于系统检测和应用，七氟丙烷灭火系统瓶组的储存压力取 2.6MPa 或 4.3MPa。

七氟丙烷储存容器的剩余压力一般大于七氟丙烷比例混合装置七氟丙烷注入点泡沫混合液的工作压力，因为低于该压力，七氟丙烷液体将无法注入，计算时，可取七氟丙烷注入点泡沫混合液的工作压力加上 0.05MPa。

七氟丙烷储存容器充装密度不允许超过 $1120kg/m^3$，这也是参考了现行国家标准《气体灭火系统设计规范》GB 50370—2005 的相关要求，但考虑到七氟丙烷泡沫系统的特点，将贮存压力为 4.3MPa 时，采用普通焊接气瓶的充装密度调整为 $1120kg/m^3$。根据现行国家标准《钢质焊接气瓶》GB 5100—2011，焊接气瓶的最大公称工作压力可达到 8MPa。根据现行国家标准《气体灭火系统及部件》GB 25972—2010，气瓶在储存压力为 4.3MPa 时，若充装密度为 $1120kg/m^3$，则其在最高使用温度 50℃时的压力为 6.7MPa，可见采用焊接气瓶的足以满足安全要求。

5 系统设计流量

设计流量计算方法和空气泡沫系统相同，要包括产生器的流量和泡沫枪的流量，且要按流量之和最大的储罐确定，同时考虑不小于 5% 的裕量。

除以上设计要求外，还要注意系统的响应时间，同空气泡沫系统，在泡沫消防水泵启动后，系统将七氟丙烷泡沫混合液输送到保护储罐的时间不能大于 5min。

（四）水力计算

系统水力计算按《泡沫灭火系统设计规范》GB 50151—2010 执行，其中七氟丙烷在混合液中所占比例较小，且呈液态，因此对混合液的流动特性的影响可以忽略，七氟丙烷泡沫混合液管道按泡沫混合液管道对待即可。

第八章　泡沫－水喷淋系统设计要点

第一节　系统由来与发展

从 20 世纪 30 年代第一次使用泡沫（由于最初需要机械搅拌，所以开始称为机械泡沫）以来，泡沫灭火技术得到快速发展。最初这种泡沫灭火剂的应用是把一种蛋白类液体发泡浓缩物与水的混合液输送到湍流产生泡沫的发生器或管枪，然后将机械产生的泡沫对准燃烧的燃料储罐或燃烧的易燃燃料区域喷射灭火。随着泡沫灭火技术的进一步发展，使用泡沫保护危险场所的新系统、新装置以及新型泡沫液被证实可用于消防领域。大约在 1954 年，顶喷式泡沫喷淋系统开始工程应用，该系统利用专门设计的泡沫喷头既能喷洒蛋白泡沫，又能以理想的图形喷洒水（见图 8－1）。后来 NFPA 11 *Standard for Low Expansion Foam Extinguishing Systems* 中设置了 "Fixed Foam Spray Systems" 一节，直到 1983 年 NFPA11　*Standard for Low Expansion Foam and Combined Agent Systems* 仍保留有 "Fixed Foam Spray Systems" 一节。但同期在美国火灾保险商委员会的帮助下，美国消防协会于 1959 年成立了泡沫－水喷淋技术委员会，并 1962 年第一次发布了 NFPA16 *Standard on Deluge Foam － Water Sprinkler and Foam － Water Spray Systems*。由于 AFFF 与 FFFP 泡沫的推广使用，一种采用自动喷水灭火系统闭式洒水喷头的闭式泡沫－水喷淋系统在大洋彼岸兴起，NFPA 泡沫－水喷淋系统专业委员会得到授权后，于 1979 年 10 月开始起草闭式泡沫－水喷淋系统安装推荐规程，1982 年 12 月 7 日其标准理事会发布了 NFPA16A *Recommended Practice for the Installation of Closed － Head Foam － Water Sprin-*

kler Systems。三部 NFPA 标准几经修订，1994 年版 NFPA11 删除了泡沫喷淋系统一节，并且规定有关问题执行 NFPA 16。1999 年，NFPA 16 与 NFPA 16A 合并为 NFPA16 *Standard for the Installation of Foam – Water Sprinkler and Foam – Water Spray Systems*，一部完整的泡沫 – 水喷淋系统标准从此形成，截至 2016 年其最新版本为 NFPA 16—2015。

图 8 – 1 第一代吸气型泡沫喷头

传统的泡沫喷淋系统是采用吸气型喷头，主要以泡沫来灭火。成膜类泡沫液研制成功后，相继出现了采用泡沫 – 水两用喷头，乃至水喷头的泡沫 – 水喷淋系统。泡沫 – 水喷淋系统是将传统泡沫喷淋系统与自动喷水系统相结合的灭火系统，它喷洒一定时间的泡沫灭火再喷洒水冷却以防复燃。泡沫 – 水喷淋系统具备灭火、冷却双功效，并且可采用标准水喷头，使系统安装方便、造价低，已取代传统的泡沫喷淋系统。现行国家标准《泡沫灭火系统设计规范》GB 50151—2010 也删除了原 2000 年版《低倍数泡沫灭火系统设计规范》GB 50151—92 中的泡沫喷淋系统一节，取而代之设置了泡沫 – 水喷淋系统一章，内容也丰富许多。

泡沫 – 水喷淋系统依据所采用的喷头是开式还是闭式分为泡

沫－水雨淋系统和闭式泡沫－水喷淋系统，后者依启动方式分为湿式系统、干式系统及预作用系统。泡沫－水雨淋系统和湿式泡沫－水喷淋系统在我国有应用，尚不掌握干式与预作用系统的应用情况。为此本章介绍泡沫－水雨淋系统和湿式泡沫－水喷淋系统设计要点，干式系统及预作用系统留待今后。

第二节　泡沫－水雨淋系统

一、系统组成与适用范围

泡沫－水雨淋系统主要由火灾自动报警及联动控制系统、消防供水系统、泡沫比例混合装置、雨淋阀组、泡沫喷头等组成，多为顶喷式。其工作原理与自动喷水灭火系统中的雨淋系统类似，通过喷淋或喷雾形式喷放泡沫和（或）水，覆盖燃液表面，同时冷却保护对象、降低热辐射，达到扑灭或控制室内外甲、乙、丙类液体初期溢流火灾之作用。为了及时扑救或控制初期甲、乙、丙类液体的泄漏火灾，泡沫－水雨淋系统均为自动控制系统，同时为防自动控制失灵，还设有手动控制装置。

有关泡沫－水雨淋系统的适用范围，现行国家标准《泡沫灭火系统设计规范》GB 50151—2010 已进行了规定，在此着重论述作者掌握的几个应用实例，并加以分析。

（一）**汽车槽车或火车槽车的甲、乙、丙类液体装卸栈台。**

1987 年 6 月，境内某国外投资项目中的付油台安装了如图 8－2所示的泡沫－水雨淋系统。90 年代天津某石化企业的火车装卸站台设计安装了泡沫－水雨淋系统用于保护槽车，因槽罐车节多，其系统分段保护。这类户外或半露天场所安装泡沫－水雨淋系统作用如何呢？1988 年初冬，公安部天津消防研究所在户外用泡沫喷淋系统灭汽车油槽火的试验显示，尽管泡沫混合液供给强度较大（当时没有测量具体数值），但泡沫在寒风影响下作用甚微。为此《泡沫灭火系统设计规范》GB 50151 将泡沫－水喷淋系统的应用场所限定在室内。

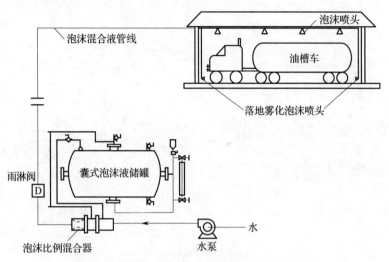

图8－2　付油台泡沫－水雨淋系统示意图

（二）燃油锅炉房及其燃油储存间

1987 年 6 月，在广州某酒店的燃油锅炉房及其燃油储存间见到了这种国外设计安装的泡沫－水雨淋系统，因锅炉房温度较高，探测系统采用了带玻璃泡喷头的传动管。这种设计选项并无不妥，不过该场所的燃油闪点较高，设水喷雾系统可能更经济，也可设全淹没中倍数、高倍数泡沫系统。

（三）Ⅰ类飞机库飞机停放和维修区

国家标准《飞机库设计防火规范》GB 50284—2008 基本照搬 NFPA409 *Standard on Aircraft Hangars*，规定Ⅰ类飞机库飞机停放和维修区内，应分区设置泡沫－水雨淋系统，每个分区的最大保护地面面积不应大于 1400m²。泡沫－水雨淋系统的用水量必须满足以火源点为中心，30.0m 半径水平范围内所有分区系统的雨淋阀组同时启动时的最大用水量。据此推算其一次动作保护面积大于 5000m² （该规范规定的一个防火分区的下限面积）。同时一般还设置机翼下泡沫炮，参见图 8 - 3。目前，我国的 I 类飞机库基本都按此规定设计。

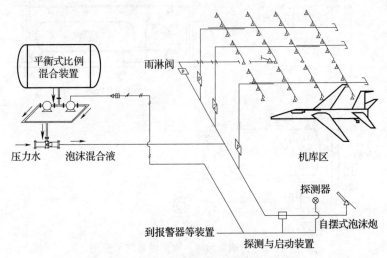

图 8 - 3　飞机库泡沫 - 水雨淋系统示意图

美国在役的十艘航空母舰的机库采用顶上泡沫 - 水雨淋系统和地面低位泡沫释放器的组合，飞行甲板采用地面喷头式泡沫 - 水雨淋系统。俄罗斯库兹涅佐夫号航空母舰机库顶部设置了泡沫 - 水雨淋系统、上部设置了全淹没式高倍数泡沫灭火系统，库内增设了卤代烷 2402 灭火系统，飞行甲板采用甲板伸缩喷头式泡沫 - 水雨淋系统。罗列这些是想说明：

1. 不同国家对飞机库的火灾场景及设防标准是不同的，苏联的设防标准比美国高，有的看起来冗余。我国民用飞机库采用了美国标准。

2. 大型民用航空客机都是采用涡扇发动机，为保障燃料在 -40 ~ -50℃ 下不凝，同时经济易得，一般采用 60 ~ 280℃ 宽馏

180

程喷气燃料；为了本质安全，航母舰载机一般采用闪点不低于60℃的窄馏程 RP5 航空煤油，所以民航客机进库限制载油量，舰载机不限。

3. 飞机库泡沫 - 水雨淋系统多采用带溅水盘的非吸气型开式喷头，安装在屋面板下既可控制飞机库地面油火，又可冷却屋顶承重钢结构，还可保护工作人员疏散和消防救援人员的安全，是其他系统难以比拟的，但靠其能否灭火，还得看何种火灾场景，这也解释了苏联航母机库为何设防标准如此之高。

4. 民航 I 类机库高度远大于 10m，《飞机库设计防火规范》GB 50284—2008 规定的泡沫混合液供给强度低于《泡沫灭火系统设计规范》GB 50151—2010 规定，见表 8 - 1，后者不限制前者，都没有实际成功灭火案例佐证。

表 8 - 1　泡沫混合液供给强度比较 ［L /（min · m²）］

规范编号	GB 50284	GB 50151	
氟蛋白泡沫液	8	喷头设置高度≤10m	8
		喷头设置高度＞10m	10
水成膜泡沫液	6. 5	喷头设置高度≤10m	6. 5
		喷头设置高度＞10m	8

（四）可燃液体桶装库房或商店

《泡沫灭火系统设计规范》GB 50151—2010 规定：泡沫 - 水喷淋系统可用于具有非水溶性液体泄漏火灾危险的室内场所；存放量不超过 25L/m² 或超过 25L/m² 但有缓冲物的水溶性液体室内场所。条文本意是针对非水溶性甲、乙、丙类液体可能泄漏的室内场所；泄漏厚度不超过 25mm 或泄漏厚度超过 25mm 但有缓冲物的水溶性甲、乙、丙类液体可能泄漏的室内场所。由于用泄漏量衡量难以把握，就改用单位面积平均储存量衡量，表面上似乎严格了，但可根据实际情况选择泡沫 - 水雨淋系统或闭式泡沫 -

水喷淋系统，况且专业系统规范并不决定何种场所设置什么灭火系统，这是综合类设计防火规范要解决的问题。之所以论述这些，是因为有些带货架的可燃液体仓库设置了泡沫－水雨淋系统，前文已经讲过泡沫灭火机理，所以带货架的油漆等小包装库房或卖场设置该系统作用不大。对于地面堆放的金属桶库房，设置该系统至少有控火作用，甚至能灭火。所谓缓冲物，可以是专门设置的缓冲装置，也可以是非专门设置的固定设备、金属物品或其他固体不燃物。公安部天津消防科学研究所对厚度超过25mm乙醇盘灭火试验表明，有金属板或金属桶之类的缓冲物时，可灭火，否则难以灭火。

另外，用于非水溶性甲、乙、丙类液体预计泄漏量较大的场所，选择如图8-4所示的吸气型喷头为宜，当保护水溶性甲、乙、丙类液体预计泄漏量较大，不宜采用稀释方式灭火或采用稀释不能灭火的场所，必须选用吸气型泡沫喷头。

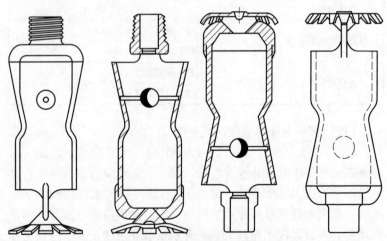

图8-4　直立型与下垂型泡沫－水喷头

（五）城市汽车隧道

上海市有几条过黄浦江的隧道内设置了泡沫－水雨淋系统，

182

其设置方式为每隔一定距离设一雨淋阀，汽车着火时，着火汽车停止位及前后共三个雨淋阀同时开启喷放泡沫和水，因隧道结构与道路限制，泡沫喷头设在道路一侧，参见图8-5，另有几条火车隧道也局部设置了泡沫-水雨淋系统。现行国家标准《泡沫灭火系统设计规范》GB 50151—2010并无针对汽车或火车隧道设置泡沫-水雨淋系统的规定，据悉某民企开展过此类研究，某市制订了地方标准，但作者不了解情况，受条件限制也未开展过试验研究，如此设置泡沫-水雨淋系统能否达到控火或灭火目的，尚不得而知。

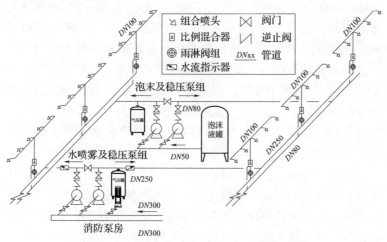

图8-5 汽车隧道泡沫-水雨淋系统布置简图

（六）植物油浸出车间

河北省内某大豆油加工厂，采用正己烷浸出方式加工大豆，所得毛油再精炼制成食用大豆油。在大豆浸出车间设置了泡沫-水雨淋系统，其浸出车间的设备分别安装在三个层面，一层为全面积，二、三层为局部，出于工艺需要，各层间采用金属篦子板分隔，这样三层建筑还是一个防火分区。由于设计者对各有关规范理解偏保守，系统设计流量较大，且因还有其他灭火系统，水泵设置也偏多。我们对其泡沫－水雨淋系统进行了优化设计指导,采用节流减压等使泡沫混合液供给强度均匀化,显著降低了泡沫混合液流量,同时将消防水泵归类减少设置数量,如此修改后既改善了系统设计,又显著降低投资。通过本案例表明,系统设计时应进行精确的水力计算,让每一个泡沫喷头都在合理的工作压力下,使供给强度分布均匀。

二、泡沫－水雨淋系统设计计算

《泡沫灭火系统设计规范》GB 50151—2010 规定设计泡沫－水喷淋系统时应进行管道水力计算,并规定泡沫－水雨淋系统自雨淋阀开启至系统各喷头达到设计喷洒流量的时间不得超过 60s;任意四个相邻喷头组成的四边形保护面积内的平均泡沫混合液供给强度不应小于设计供给强度。

前一款规定在诸如《水喷雾灭火系统技术规范》GB 50219—2014 等灭火系统规范中称为响应时间,用响应时间这一术语有时会有歧义,如是否包括报警至消防水泵正常工作的时间?如若包括,泡沫－水雨淋系统一个雨淋阀的控制面积就太小了,也无实质意义,所以明确为自雨淋阀开启至系统各喷头达到设计喷洒流量的时间。如果说报警至消防水泵正常工作的时间受技术条件限制无法抉择,那么雨淋阀是可选择的,有的开启时间就几秒,应选择开启时间短的。该时间要通过精准的水力计算获得,并按防护区内全部喷头同时工作确定,那种用管网容积除以系统流量的做法是不准确的,也不符合规定。

为利于灭火,保护面积内的泡沫混合液供给强度要均匀且满足设计要求,这就需要任意四个相邻喷头组成的四边形保护面积内的平均泡沫混合液供给强度不小于设计强度。这一规定证明了上述论断,系统设计时必须进行精确的水力计算,并且应尽可能做成均衡系统。均衡系统是气体灭火系统的重要术语,也是其推荐的。

第三节 湿式泡沫－水喷淋系统

湿式泡沫－水喷淋系统的组成是在湿式自动喷水灭火系统基础上增设泡沫比例混合装置及其相应的控制部件而成的，我国设置的湿式泡沫－水喷淋系统其泡沫比例混合器基本都设置在湿式报警阀之后，见图8－6。

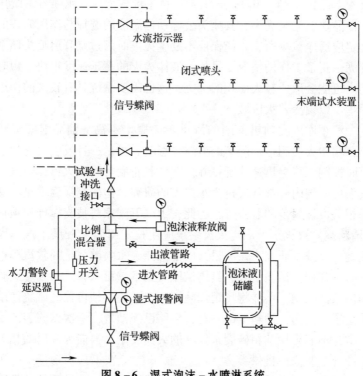

图8－6 湿式泡沫－水喷淋系统

目前在我国湿式泡沫－水喷淋系统主要应用于汽车库，其次带货架的可燃液体仓库有少量应用。在泡沫－水雨淋系统一节已经论述过，湿式泡沫－水喷淋系统用于带货架的可燃液体仓库只是比自动喷水系统效果好些，能否灭火得看储存物料与初始火灾场景及泄漏量是否可控。

1999 年，公安部天津消防研究所进行过泡沫喷淋系统灭汽油盘火试验，在 14m×14m 的中试实验室内安装 16 只国产 68℃ 的普通玻璃泡喷头，喷头间距 3.6m，设计喷洒强度 6.5L /（min·m²)，油盘大小为 2120mm×1000mm，置于实验室中心，油盘距喷头 4m，试验时排烟风机启动。在有强排风、着火面积 2.12m² 条件下，点火 45s 后 16 只喷头几乎同时开放。可见湿式泡沫–水喷淋系统用于油品泄漏流淌火灾，其喷头公称动作温度的选择与作用面积的确定应适应该场所，才能保证不发生火灾时因过量开启喷头使系统无法正常工作的情况。另外，液体火灾的蔓延速度很快，短时间内可能会形成较大面积的火灾，这也需要系统具有较大的作用面积，以覆盖着火区域。

汽车库内发动机关闭的汽车着火概率不高、油品泄漏量较小，初始火灾超过一部车的概率可忽略。可是一旦发生火灾如不及时控制，将会迅速蔓延，并伴有橡胶轮胎等物质火灾，导致火灾失控。国内外都开展过汽车火灾的研究，但研究深度不足以支撑相关设计规范的制修订，为此，十二五国家科技支撑计划项目"清洁高效灭火剂及固定灭火系统应用技术研究"开展了汽车库关键灭火技术研究。该项目开展了泡沫–水喷淋系统扑救汽车火灾的一些相关试验研究，具体试验可见本书第六章。由于受试验场馆条件限制，不能将场馆设施损坏，试验必须可控。试验使用的是报废汽车，油箱全部打孔，油路已无油气，一次试验装油量较少，不能再现油箱破裂条件下的火灾场景，只能为今后的相关设计规范制修订提供参考。

迄今还无可信的证据支撑调整湿式泡沫–水喷淋系统的作用面积、泡沫混合液供给强度、喷头公称动作温度等关键设计参数。该系统用于立体机械车库对上层汽车火灾的控火作用相比自动喷水系统优势不明显。

第九章 高倍数与中倍数泡沫系统设计要点

第一节 概 述

1954 年，英国 Buxton 矿山安全研究所的艾斯诺和史密斯发明了高倍数泡沫灭火剂，他们将约 1000 倍的泡沫压送到较长的坑道内进行灭火，取得了良好效果，于是高倍数泡沫首先应用于矿井火灾。20 世纪 60 年代，瑞典等国进行了船舶机舱、泵舱的模拟灭火试验。此后，高倍数泡沫灭火技术在美、英、苏联、德国、日本、丹麦、瑞典、荷兰等国得到了推广应用。20 世纪 70 年代，高倍数泡沫灭火技术在发达国家达到标准化、系列化的程度。其中与我国有过交往的国外高倍数泡沫灭火剂生产厂商主要有：英国 Angus 公司、美国 ANSUL 公司、美国 CHUBB 公司、美国矿山安全公司、英国 KIDD HI - EX 公司、美国 CHEMGUARD 公司等。

20 世纪 60 年代，我国煤炭业有关单位进行过多次矿井巷道火灾灭火试验研究，取得了一定的经验，并开始使用。我国自 1975 年开始研制高倍数泡沫灭火剂，20 世纪 80 年代后相继研制出 YEGD 型、YEGH 型及 YEGZ 型系列高倍数泡沫灭火剂（包括耐寒型 YEGZ6A 与 YEGZ6C，普通型 YEGZ3A、YEGZ6B、YEGZ3B、耐海水型 YEGZ3D、YEGZ6D 及耐温耐烟型 YEGZG - 1 高倍数泡沫灭火剂等）。目前，国内主要生产和使用 YEGZ 系列高倍数泡沫灭火剂，用于扑救大面积有限空间的 A 类与 B 类火灾，其中典型代表工程项目——首都国际机场高倍数泡沫灭火系统应用获国家科技进步二等奖。

20世纪80年代初，公安部天津消防研究所在研制高倍数泡沫灭火剂时，开展过油池火灭火试验，试验油层厚度约1cm、下部垫水，试验条件可能较利于灭火。灭火试验情况见图9-1～图9-4和表9-1。从灭火试验资料可见：500～600倍的泡沫灭火效果明显优于30倍的中倍数泡沫，680倍的泡沫对航空煤油有灭火作用。

图9-1　高倍数泡沫灭7m×15m航空煤油池火试验

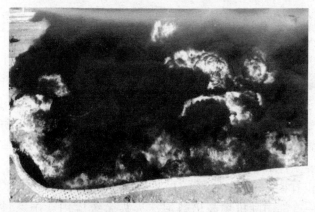

图9-2　高倍数泡沫灭7m×15m航空煤油池火试验

图9-3 高倍数泡沫灭7m×15m航空煤油池火试验

图9-4 高倍数泡沫灭7m×15m航空煤油池火试验

表 9 - 1 我国高倍数泡沫灭火试验一览表

序号	泡沫型号	试验条件						泡沫情况		试验结果	
		气象		燃烧面积	油品	油量或油层厚度	预混液强度 [L/(min·m²)]	混合比	泡沫倍数	预燃时间	灭火时间
		气温(℃)	风力风速								
1	YEG26A	12	3~4级	7m×15m油池	航空煤油	1吨	3.6	6%	680	60s	100s
2	YEG26A	18	1~2级				3.6	6%	680	95s	66s
3	YEG26A	14	1~2级				3.6	6%	680	90s	97s
4	YEG26C	27	3~4m/s	50m²		480kg	4.8	5.8%	673	39	42
5	YEG26C	25	3~4m/s	53m²		540kg	4.8	5.8%	500~600	30.9	34
6	YEG23D	31	2.2m/s	50m²	70#汽油	0.76cm	4.8	3%	550	30	30.1
7	YEG23D	20	3.7m/s	50m²		1.4cm	4.8	3%	520	30	25.7
8	YEG23D	31	2.2m/s	50m²		0.4cm	6.2	3%	32	30	47.2
9	YEG23D	20	3.7m/s	50m²		1.0cm	6.0	3%	30	30	63

注：中倍数泡沫用油为高倍数泡沫灭火后的剩余油。

190

由于高倍数泡沫灭火技术的局限，并且其泡沫产生器体积庞大、安装不便，加上熟知者寥寥，其应用受到一定限制，随着时代的发展，其应用越来越少，拓展应用场所愈加艰难。为此美国消防协会自发布 1999 年版 NFPA11A *Standard for Medium and High - Expansion Foam Systems* 后便终止了其作为独立标准的修订工作。从 2002 年版 NFPA11 *Standard for Low -，Medium -，and High - Expansion Foam Systems* 起，就包括了中、高倍数泡沫灭火系统的要求，2005 年全面修订版 NFPA11 *Standard for Low -，Medium -，and High - Expansion Foam* 将中、高倍数泡沫系统作为一章纳入，从此形成了以低倍数泡沫系统为主的完整泡沫系统标准，NFPA 11A 退出历史。

欧洲标准 BS EN 13565 - 2：2009 *Fixed Firefighting Systems - Foam Systems Part 2：Design，Construction and Maintenance* 只在 Aircraft hangars （飞机库） 一章中设置了 Medium expansion systems （Type 3 hangars only） （中倍数泡沫系统，仅限三类机库） 一节及 High expansion systems （高倍数泡沫系统） 一节。

我国从 2006 年起合并修订《低倍数泡沫灭火系统设计规范》GB 50151—92 （2000 年版）与《高倍数、中倍数灭火系统设计规范》GB 50196—93 （2002 年版），于 2010 年发布了现行国家标准《泡沫灭火系统设计规范》GB 50151—2010，其中分别设置了中倍数泡沫系统、高倍数泡沫灭火系统两章，随着油罐中倍数泡沫灭火系统消亡，修订中的《泡沫灭火系统技术标准》也会像 NFPA 一样，将中倍数泡沫系统与高倍数泡沫灭火系统整合为一章。

第二节　系统组成与类型

高倍数、中倍数泡沫系统一般由消防水源、消防水泵 （如果安装的话）、泡沫比例混合装置、泡沫产生器以及连接管道等组成。它分为全淹没式、局部应用式、移动式三种类型。

一、全淹没系统

由固定式泡沫产生器将泡沫喷放到封闭或被围挡的防护区内，在规定的时间内达到一定泡沫淹没深度，并将泡沫保持到所需的控、灭火时间的固定系统。全淹没系统的控制方式通常以自动为主，辅以手动。其系统示意图见图9-5。

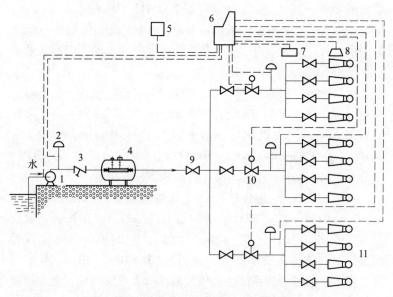

图9-5 全淹没高倍数泡沫系统示意图

1—水泵；2—压力开关；3—过滤器；

4—囊式压力比例混合装置；5—手动控制箱；6—自动控制柜；

7—探测器；8—报警器；9—阀门；10—电控阀；11—高倍数泡沫产生器

二、局部应用系统

由固定式泡沫产生器直接或通过导泡筒将泡沫喷放到火灾部位进行控火或灭火的固定、半固定系统。

三、移动系统

是指车载式或便携式系统，它可作为固定系统的辅助设施，也可作为独立系统用于某些场所。

四、系统选择

现行国家标准《泡沫灭火系统设计规范》GB 50151—2010规定有高倍数、中倍数泡沫系统适用场所的条文，但受综合类设计防火规范限制，这些条文对推动高倍数、中倍数泡沫系统应用无能为力。涵盖面最为广泛的国家标准《建筑设计防火规范》GB 50016只字未提高倍数、中倍数泡沫系统，将可能适宜设置高倍数泡沫系统的车间厂房与仓库规定设置自动喷水系统，并作为强制性条文；国家标准《飞机库设计防火规范》GB 50284只在Ⅱ类飞机库飞机停放和维修区内作为选项之一规定了设置高倍数泡沫灭火系统和泡沫枪，但若泡沫枪从固定系统接，高倍数泡沫系统方案也被否；国家标准《汽车库、修车库、停车场设计防火规范》GB 50067作为选项规定地下汽车库可采用高倍数泡沫灭火系统；国家标准《石油天然气工程设计防火规范》GB 50183规定液化天然气站场应配有移动式高倍数泡沫灭火系统，液化天然气储罐总容量大于或等于3000m³站场的集液池应配固定式高倍数泡沫灭火系统；《石油库设计规范》GB 50074—2002规定覆土油罐可设高倍数泡沫灭火系统；再有就是不对外的军用标准规定大型水面舰艇某些舱室设置高倍数泡沫系统，在此就不细述了。

第五章已论述，目前俄罗斯还推广中倍数泡沫系统。我国除第三章所述的甲、乙、丙类液体储罐本身外，应给中倍数泡沫系统相宜的机会。况且现有水成膜泡沫液的配方稍加调整就能发中倍数泡沫。

193

第三节 系统应用场所与分析

一、全淹没高倍数泡沫系统泡沫产生器设置

有的设计将高倍数泡沫产生器置于相对密闭的防护区内，其系统发挥正常效能的可能性甚微。主要原因有两个：一是防护区着火后热烟气导致气压升高，泡沫产生器因有背压而不能正常发泡；二是热烟气发泡通常泡沫稳定性很差。

1980 年，在我国遵化飞机洞库做普通高倍数泡沫灭火试验时，由于预燃时间长，洞内空气已经被燃烧产生的高温及汽油、柴油燃烧和裂解产生的烟气所污染，虽然选用了六台泡沫产生器，但由于产生器吸入的是被污染的空气，泡沫的形成很困难，较长时间泡沫堆积不起来。试验研究表明：目前出售的高倍数泡沫灭火剂（包括耐温耐烟型产品）使用火场产生的高温热解及燃烧烟气发泡，其发泡及灭火性能都会受到不同程度的影响，有的甚至不能发泡。尽管试验室测试普通泡沫有一定的耐温耐烟性能，但包括耐温耐烟型产品在内均未经过类似场所的实际火灾验证。所以，不能肯定其具体灭火性能。另外，耐温耐烟型产品也有其温度限度与适应的烟气种类。如目前最好的产品耐温在 130℃左右；某些产品对于木屑、聚乙烯塑料热解烟气敏感，可能无法发泡灭火。试验研究同时表明：虽然火场热解烟气的量一般均小于燃烧烟气的量，但热解烟气对泡沫的破坏作用却明显地大于燃烧烟气。烟气中不可见化学物质是破坏泡沫的主要因素，其他如物理影响和热的影响是次要的，并且高温及烟气对泡沫的破坏作用均明显地表现为泡沫的稳定性降低，即析液时间短。

国家标准《汽车库、修车库、停车场设计防火规范》GB 50067—2014 规定"地下汽车库可采用高倍数泡沫灭火系

统"，除半地下车库外，其他即使设了也难发挥作用。正因如此，俄罗斯库兹涅佐夫号航空母舰机库上部设置的高倍数泡沫产生器都设置了新鲜空气导管，这应是相关技术工作者牢记的。

1999 年 11 月，原北京石油设计院在湖北鄂州组织开展泡沫灭火系统试验，其中在某覆土罐通风口灌注高倍数泡沫的试验很艰难，随后将发泡倍数 150 左右的中倍数泡沫产生器置于罐室内进行试验，由于罐室门关闭看不出泡沫产生器运转情况，但罐室门迅速流淌出的泡沫其倍数不会大于 10 倍。由于此次试验出现意外，没有编制试验报告，缺乏完整的试验数据，只能凭记忆论述，仅存的现场照片见图 9 - 6。

如上所述，在无火灾条件下向罐室灌注高倍数泡沫都很困难，火灾时浓烟甚至是火焰会从通风口涌出，再从此处灌注高倍数泡沫是难以想象的，为此《石油库设计规范》GB 50074—2002 规定覆土油罐可设高倍数泡沫灭火系统不知是如何考虑的。

图 9 - 6　中倍数泡沫试验照片

二、高倍数泡沫系统对液化天然气（LNG）池火的作用

在一个大气压下，将天然气（指甲烷）冷却到约 - 162℃即

195

可被液化。液化天然气从储存容器内释放到大气中时，将气化并在大气温度下成为气体。其气体体积约为液体的 600 倍。通常，温度低于 −112℃ 时，其比 15.6℃ 下的空气重，但随着温度的升高，该气体变得比空气轻。大量的液化天然气泄漏后，不但快速气化形成爆炸性蒸气云，而且快速冷却周围空气使其一定范围内处于危险的超低温，对人身安全构成巨大威胁。如 1944 年美国俄亥俄州克利夫兰市（Cleveland, Ohio）一调峰站的液化天然气储罐发生破裂事故，并发生爆炸火灾导致 136 人丧生。所以，对于液化天然气工程，各国都非常重视其安全。液化天然气液化站与接收站设置高倍数泡沫系统，有两个目的：一是当液化天然气泄漏尚未着火时，用适宜倍数的高倍数泡沫将其盖住，可阻止蒸气云的形成；二是当着火后，覆盖高倍数泡沫可以降低辐射热，保护其他相邻设备等。

高倍数泡沫用于天然气液化工程，国内外均未开展过大型试验，只是美国煤气协会（AGA）等少数国外组织或个人，在 20 世纪 70 年代及以前开展过小型试验研究，得出一些结论。依据这些试验结论，美国消防协会标准 NFPA59A *Standard for the Production, Storage, and Handling of Liquefied Natural Gas（LNG）*（《液化天然气生产、储存及装运标准》）率先推荐在液化天然气生产、储存设施中使用高倍数泡沫系统，随后的欧洲标准 EN1473 *Installation and Equipment for Liquefied Natural Gas—Design of Onshore Installations*（《液化天然气装置及设备—陆上安装设计标准》）等也作了相似的推荐。NFPA 11 对高倍数泡沫系统的设计作了简单规定。《石油天然气工程设计防火规范》GB 50183—2004 也规定了在液化天然气生产、储存设施中使用高倍数泡沫系统，《泡沫灭火系统设计规范》GB 50151—2010 对其系统设计进行了规定。

在 NFPA11 解释资料中有这样的描述：高倍数泡沫的作用之一是控火。美国煤气协会（AGA）所做的试验表明，高倍数泡沫可将液化天然气溢流火的辐射热大致降低95%。其一定程度上是由于泡沫屏障作用阻止火焰对液化天然气溢流的热反馈，从而降低了液化天然气的气化。倍数低的泡沫含水量大，当其析液进到液化天然气内时，往往是增大液化天然气蒸发率；倍数过高的泡沫并不抗烧，其破泡沫速度更快。美国煤气协会的试验证明，250倍以上的泡沫就能控火，500倍左右的泡沫最为有效。但不同品牌的泡沫其控制液化天然气火的能力会明显不同。高倍数泡沫的作用之二是控制下风向蒸气浓度。液化天然气泄漏气化伊始，其蒸气比空气重。当这些蒸气被阳光及接触空气加热时，最终会变得比空气轻而向上扩散。但在向上扩散之前，液化天然气泄漏点附近及下风向地面会形成高浓度蒸气溢流。高倍数泡沫覆盖到流淌的液化天然气上，液化天然气蒸气扩散要经过泡沫覆盖层，靠泡沫中水对液化天然气蒸气的加热和高倍数泡沫的阻力作用，降低了液化天然气的密度和蒸气量，进而降低下风向地表面气体浓度。试验表明，750~1000倍的泡沫控制扩散最为有效。两种用途对泡沫倍数的要求不尽相同。泡沫倍数太低，不但起不到控制下风向蒸气浓度的作用，而且会相反加速液化天然气蒸发；若泡沫倍数过高，易被风吹散。综合上述两种功用要求，泡沫倍数在500倍左右为宜。

2014年，公安部天津消防研究所在开展的公安部应用创新计划项目"车载LNG泄漏火灾爆炸事故防治技术研究"过程中，于2014年11月12日在南昌进行了液化天然气（LNG）池火控火试验，试验池长、宽、深分别为3m、5m、1.2m，LNG添加量1.4吨，使用PF3型高倍数泡沫产生器，工作压力为0.5MPa，泡沫液为G-3泡沫液、发泡倍数约300倍。试验过程中先由干粉炮喷射干粉压制火焰，后施放高倍数泡沫观察控火情况。通过试验，高倍数泡沫对液化天然气（LNG）池火的抑制作用非常有限，参见图9-7。

图 9 – 7　高倍数泡沫控制 LNG 池火情形

　　我国沿海各地建有许多座液化天然气接收站，在其储罐区、工艺高压泵、接卸码头等都设置了 LNG 收集池，设有 LNG 装车站的也设置了收集池，LNG 收集池的尺寸与其工艺设备工作负荷相关，各接收站 LNG 收集池的尺寸不尽相同，如大连 LNG 项目罐区、工艺高压泵和码头 LNG 收集池的长、宽、深均为 6m、6m、5m，表面积为 36m^2，容积为 180m^3。江苏 LNG 罐区、工艺高压泵 LNG 收集池长、宽、深为 6m、6m、5m，表面积为 36m^2，容积为 180m^3；码头 LNG 收集池长、宽、深为 12m、2.5m、5m，表面积为 30m^2，容积为 150m^3；装车站 LNG 收集池长、宽、深为 4m、4m、4m，表面积为 16m^2，容积为 64m^3。唐山 LNG 罐区 LNG 收集池长、宽、深为 6m、5m、3.5m，表面积为 30m^2，容积为 105m^3；工艺高压泵 LNG 收集池长、宽、深为 12m、2.5m、5m，表面积为 30m^2，容积为 87.5m^3；码头 LNG 收集池长、宽、深为 5m、4m、3.5m，表面积为 20m^2，容积为 70m^3；装车站 LNG 收集池长、宽、深为 5m、5m、3.5m，表面积为 25m^2，容积为 87.5m^3。在这些 LNG 收集池处都设置了局部应用式高倍数泡沫系统，且大多未设导泡筒，其面积与容积均超过了上述试验条件，特别是它们都在多风的海边，高倍数泡沫系统对其恐难有作为。对气化站、调峰站储罐拦蓄区，高倍数泡沫看不出有多大作用。

三、某220kV电缆竖井应用高倍数泡沫系统的分析

国内某工程的220kV电缆出线竖井设置了高倍数泡沫系统，该电缆竖井高约220m，采用分段设置泡沫产生器的方法，在高压电缆井、动力电缆井和控制电缆井中每隔7m用不大于5mm孔径的钢丝网分隔成多个防护区，当一个防护区着火时，和该防护区对应的控制阀组控制的防护区同时喷放泡沫进行灭火。电缆火灾一般分两种情况，一是电缆自身原因引发的火灾，如短路、过载等，该类火灾热源来自电缆内部，传播非常快；二是外部火源引起的火灾，目前工程上多采用阻燃电缆，对外部火源引发的火灾可起到较好的阻燃作用。对于第一种情况，采用高倍数泡沫，可能无法及时灭火，但可以对未着火区域起到一定的保护作用，当然，采用其他的灭火方式恐也难以及时灭火。对于第二种情况，采用高倍数泡沫可以对电缆起到较好的保护作用。

四、某多晶硅项目氯硅烷储罐区应用中倍数泡沫灭火系统的分析

目前，宁夏、包头、四川等地的多晶硅项目在氯硅烷储罐区设置了中倍数泡沫灭火系统，用来扑救氯硅烷泄漏后产生的池火，见图9－8，其在储罐防火堤周围设置了中倍数泡沫产生器。多晶硅生产目前主要采用改良西门子法工艺流程，主要原料为三氯硅烷。三氯硅烷为极易挥发的可燃液体，沸点为32～34℃，闪点为－13.9℃。该物质遇火剧烈燃烧，燃烧产物为氯化氢和氧化硅，其可与水、水蒸气或潮湿的空气反应产生热量、氢气和氯化氢。此外，多晶硅生产中还可能用到二氯硅烷和四氯硅烷，这两种物质的性质与三氯硅烷类似，均为可燃液体。可见，氯硅烷

属于低沸点可燃液体，且可与水反应生成氢气和氯化氢等，低沸点可燃液体火灾扑救难度大，使用低倍数泡沫尚不能彻底灭火，所以，其储罐区采用中倍数泡沫系统很难起到多大作用，且有可能造成其他灾害。该类罐区适宜采用何种灭火系统，有待开展进一步研究。

图9-8　某工程氯硅烷储罐区中倍数泡沫系统

第十章　泡沫系统的施工及验收

　　泡沫灭火系统的施工过程和其他固定灭火系统基本相同，主要包括系统组件的进场检验、安装、调试等内容，系统调试完成后即可进行工程验收，验收合格后才能投入使用。在系统的整个生命周期内，还要持续地进行维护管理，以保证系统的正常运行。系统的施工及验收主要执行国家标准《泡沫灭火系统施工及验收规范》GB 50281，同时还涉及一些其他规范，如：《自动喷水灭火系统施工及验收规范》GB 50261、《机械设备安装工程施工及验收通用规范》GB 50231、《工业金属管道工程施工规范》GB 50235等。本章主要介绍泡沫灭火系统施工、验收及维护管理过程中的主要问题，具体要求还需参考相关规范。

　　另外，今后泡沫比例混合装置的选用会遵循第五章第一节论述的原则，不在其列的比例混合器（装置）可能不会出现在今后修订版的相关标准中。为此，本章只谈及今后可能被推荐使用的泡沫比例混合器（装置）的安装、调试、验收。

第一节　泡沫液和系统组件进场检验

　　泡沫系统施工前，按照施工过程质量控制要求，需要对系统组件、管件及其他设备、材料进行进场检验，不合格者不能使用。本节主要对泡沫系统专用组件、材料的进场检验进行说明。

一、泡沫液的进场检验

　　泡沫液是泡沫系统的关键材料，直接影响系统的灭火效果，所以把好泡沫液的质量关至关重要。一般情况下，泡沫液进场后，

201

需要现场取样留存，以待日后需要时送检。留存泡沫液的储存条件要满足现行国家标准《泡沫灭火剂》GB 15308 的相关规定。

一个时期以来，一些泡沫液生产商以次充好、业主或工程承包商低价采购与超保质期使用泡沫液的现象屡见不鲜，在中小企业这一现象比较突出。为此，国家标准《泡沫灭火系统施工及验收规范》GB 50281—2006 规定"6%型低倍数泡沫液设计用量大于或等于 7.0t、3%型低倍数泡沫液设计用量大于或等于 3.5t、6%蛋白型中倍数泡沫液最小储备量大于或等于 2.5t、6%合成型中倍数泡沫液最小储备量大于或等于 2.0t、高倍数泡沫液最小储备量大于或等于 1.0t 等，需要送至具备相应资质的检测单位进行检测"。这本应是相关监管部门的行政行为，用技术标准难以达到预期效果，执行者寥寥。修订中的《泡沫灭火系统技术标准》，如果尚需保留对泡沫液的检测要求，也会根据本书根据第四章第五节的论述，保留 3%型的氟蛋白泡沫液、水成膜泡沫液、合成型中倍数泡沫液、高倍数泡沫液的相关规定，删除 6%型泡沫液和已淡出市场的油罐用中倍数氟蛋白泡沫液等的相关要求。

对于取样留存的泡沫液，进场检验时，进行观察检查和检查市场准入制度要求的有效证明文件及产品出厂合格证即可；对于需要送检的泡沫液，需要按现行国家标准《泡沫灭火剂》GB 15308 的规定对相关参数进行检测，一般主要对其发泡性能和灭火性能进行检测，检测内容主要包括：发泡倍数、析液时间、灭火时间和抗烧时间。

二、系统组件的进场检验

进场检验时，需要对泡沫产生装置、泡沫比例混合装置、泡沫液储罐、泡沫消防泵、泡沫消火栓、阀门、压力表、管道过滤器、金属软管等组件进行现场检查。首先是外观质量检查，主要是查看系统组件有没有变形、机械损伤、锈蚀，铭牌标记是否清晰、牢固等。其次是对于组件中的手动机构，如需要转动的部位，要亲自动手操作，看其是否能满足要求。如对于消防泵，要进行盘车，盘车要无阻滞、无异常声响，对于高倍数泡沫产生器，要看其叶轮能否灵活旋转。再者是要检查系统组件的规格、型号、性能是否符合国家现行产品标准和设计要求。一般情况下，检查系统组件市场准入制度要求的有效证明文件和产品出厂合格证即可。但当系统组件在设计上有复验要求或施工方、建设方等对组件质量有疑义时，需要将这些组件送至具有相应资质的检测单位进行检测复验，具体复验结果要符合国家现行有关产品标准和设计要求。

另外，对于阀门，还需进行强度和严密性检查。泡沫系统对阀门的质量要求较高，如果阀门渗漏则会影响系统的压力，使系统不能正常运行。从目前情况看，由于种种原因，阀门渗漏现象较为普遍，为保证系统的施工质量，需要对阀门的强度和严密性进行试验。

强度和严密性试验要采用清水进行，强度试验压力为公称压力的 1.5 倍，严密性试验压力为公称压力的 1.1 倍；试验时，将阀门安装在试验管道上，有液流方向要求的阀门，试验管道要安装在阀门的进口，然后管道充满水，排净空气，用试压装置缓慢升压，待达到严密性试验压力后，在最短试验持续时间内，以阀瓣密封面不渗漏为合格；最后将压力升至强度试验压力，在最短试验持续时间内，以壳体填料无渗漏为合格。试验合格的阀门，要排尽内部积水，并吹干，然后将密封面涂防锈油，关闭阀门，封闭出入口，并做出明显的标记。

第二节　系统安装与调试

泡沫系统的施工现场需要有相应的施工技术标准，健全的质量管理体系和施工质量检验制度，要实现施工全过程质量控制。

在整个系统已按照设计要求，全部施工结束后，需要全面、有效地进行各项目调试工作。调试完成，系统达到设计要求后，即可申请验收。本节主要对泡沫系统专用组件及具有特殊要求的通用组件的安装调试进行介绍。

一、主要系统组件的安装

（一）泡沫液储罐的安装

泡沫液储罐按外形可分为立式和卧式两种，按工作压力大小，可分为常压储罐和压力储罐。安装时，要考虑为日后操作、更换和维修以及罐装泡沫液提供便利条件，储罐周围要留有满足检修需要的通道，其宽度不能小于 0.7m，且操作面不能小于 1.5m。当泡沫液储罐上的控制阀距地面高度大于 1.8m 时，需要在操作面处设置操作平台或操作凳。

现场制作的常压钢质泡沫液储罐，泡沫液管道出液口一般不高于泡沫液储罐最低液面 1m，同时，为防止将储罐内的锈渣和沉淀物吸入管内堵塞管道，泡沫液管道吸液口距泡沫液储罐底面一般不小于 0.15m，吸液口要朝下且最好做成喇叭口形。

常压钢质泡沫液储罐制作完成后需要进行盛水试验，即将储罐盛满水，观察焊接接头、焊缝和连接部位是否有泄漏，以目测无泄漏为合格，试验压力为储罐装满水后的静压力，试验时间一般不小于 60min。试验合格后，要对储罐内、外表面按设计要求进行防腐处理。

常压泡沫液储罐要根据其形状按立式或卧式安装在支架或支座上，支架要与基础固定，安装时不能损坏其储罐上的配管和附件。另外，罐体与支座接触部位要进行防腐处理，一般可按加强防腐层的做法施工。

泡沫液压力储罐是制造厂家的定型设备，其上设有安全阀、进料孔、排气孔、排渣孔、人孔和取样孔等附件，出厂时都已安装好，并进行了试验，因此，在安装时不得随意拆卸或损坏，尤其是安全阀更不能随便拆动，安装时出口不能朝向操作面，否则影响安全使用。另外，泡沫液压力储罐上一般槽钢或角钢焊接的固定支架，安装时，要采用地脚螺栓将支架与地面上混凝土浇注的基础牢固固定。

对于设置在露天的泡沫液储罐，需要根据环境条件采取防晒、防冻和防腐等措施。当环境温度低于 0℃时，需要采取防冻设施；当环境温度高于 40℃时，需要有降温措施；当安装在有腐蚀性的地区，如海边等，还需要采取防腐措施。

（二）泡沫比例混合装置的安装

泡沫比例混合装置安装时要注意两点：一是要使泡沫比例混合装置的标注方向与液流方向一致。各种泡沫比例混合装置都有安装方向，在其上有标注，安装时不能装反，否则无法工作。二是泡沫比例混合装置与管道连接处的安装要保证严密，不能有渗漏，否则，影响混合比。

管线式比例混合器的压力损失在进口压力的三分之一以上，混合比精度通常较差，主要用于移动式系统，且多与泡沫炮、泡沫枪、泡沫发生器装配一体使用。应用时，要将其安装在压力水的水平管道上或串接在消防水带上，为减少压力损失，其安装位置最好靠近储罐或防护区。另外，为保证比例混合器能够顺利吸入泡沫液，使混合比维持在正常范围内，比例混合器的吸液口与泡沫液储罐或泡沫液桶最低液面的高度差不能大于 1.0m。

压力式比例混合装置的泡沫液储罐和比例混合器在出厂前已经安装固定在一起，安装时要整体安装。由于压力储罐进水管有 0.6~1.2MPa 的压力，而且通过压力式比例混合装置的流量也较大，工作时，会受到一定的冲击力，所以压力式比例混合装置要与基础固定牢固，前面介绍压力储罐安装时已述及，一般是采用地脚螺栓通过混凝土浇筑的基础来固定的。

平衡式比例混合装置一般将比例混合器、平衡阀、泡沫液泵、电机、水轮机等组件安装在一起，做成撬块，出厂前已进行过性能测试，要整体安装在基础座架上，将比例混合装置安装在压力水的水平管道上即可。

泵直接注入式比例混合装置由消防压力水驱动其水轮机拖动泡沫泵将泡沫液注入水轮机出口水管道中，使泡沫液与水按比例混合成泡沫混合液，可有多种形式，具体介绍见本书第五章。目前，滑片泵驱动注入式比例混合装置在我国有工程应用，和平横式比例混合装置一样，其各部件均集中在一个撬块上，要整体安装在基础座架上，安装方向要和水轮机上的箭头指示方向一致，与进水管和出液管道连接时，要以水轮机进出口的法兰为基准进行安装。

（三）管道安装

1. 一般要求。

水平管道安装时要注意留有管道坡度，在防火堤内要以不小于3‰的坡度坡向防火堤，在防火堤外要以不小于2‰的坡度坡向放空阀，以便于管道放空，防止积水，避免在冬季冻裂阀门及管道。另外，当出现U形管时要有放空措施。

立管要用管卡固定在支架上，管卡间距不能大于3m，以确保立管的牢固性，使其在受外力作用和自身泡沫混合液冲击时不至于损坏。

埋地管道安装前要做好防腐，安装时不能损坏防腐层，采用焊接时，焊缝部位要在试压合格后进行防腐处理。埋地管道在回填前要进行隐蔽工程验收，合格后及时回填，分层夯实。

管道支、吊架安装要平整牢固，管墩的砌筑必须规整，其间距要符合设计要求，确保在受外力和自身水力冲击时不至于损伤。

管道穿过防火堤、防火墙、楼板时，需要安装套管。穿过防火堤和防火墙套管的长度不能小于防火堤和防火墙的厚度，穿过楼板的套管要高出楼板50mm，底部要与楼板底面相平。管道与套管间的空隙需要采用防火材料封堵。管道穿过建筑物的变形缝时，要采取保护措施，如在墙体两侧采用柔性连接。

2. 泡沫混合液管道的安装。

当储罐上的泡沫混合液立管与防火堤内地上水平管道或埋地管道用金属软管连接时，不能损坏其编织网，并要在金属软管与地上水平管道的连接处设置管道支架或管墩。

储罐上泡沫混合液立管下端设置的锈渣清扫口与储罐基础或地面的距离一般为 $0.3 \sim 0.5\mathrm{m}$；锈渣清扫口需要采用闸阀或盲板封堵，当采用闸阀时，要竖直安装。

外浮顶储罐梯子平台上设置的带闷盖的管牙接口，要靠近平台栏杆安装，并高出平台 $1.0\mathrm{m}$，其接口要朝向储罐；引至防火堤外设置的相应管牙接口，要面向道路或朝下。

连接泡沫产生装置的泡沫混合液管道上设置的压力表接口要靠近防火堤外侧，并竖直安装。泡沫混合液主管道上留出的流量检测仪器安装位置要符合设计要求。泡沫混合液管道上试验检测口的设置位置和数量要符合设计要求。

3. 泡沫管道的安装。

泡沫管道主要存在于液下和半液下系统。液下喷射泡沫喷射管的长度和泡沫喷射口的安装高度要符合设计要求。当液下喷射一个喷射口设在储罐中心时，其泡沫喷射管要固定在支架上；当液下喷射和半液下喷射设有 2 个及以上喷射口，并沿罐周均匀设置时，其间距偏差不能大于 $100\mathrm{mm}$。

当液下或半液下系统为半固定式系统时，在防火堤外设置的高背压泡沫产生器快装接口要水平安装。

液下和半液下系统的主要缺点是存在油品泄漏问题，因此要特别注意防油品泄漏设施的安装。液下喷射泡沫管道上的防油品渗漏设施要安装在止回阀出口或泡沫喷射口处；半液下喷射泡沫管道上防油品渗漏的密封膜要安装在泡沫喷射装置的出口；防油品泄漏设施的安装要按设计要求进行，且不能损坏密封膜。

4. 泡沫液管道的安装。

泡沫液管道存在于泡沫液储罐和比例混合器之间，一般较短，泡沫液管道冲洗及放空管道的设置要符合设计要求，一般设置在泡沫液管道的最低处。

5. 泡沫喷淋管道的安装。

泡沫喷淋分支管上每一直管段、相邻两泡沫喷头之间的管段设置的支、吊架均不能少于 1 个，且支、吊架的间距不能大于3.6m；当泡沫喷头的设置高度大于 10m 时，支、吊架的间距不能大于 3.2m。泡沫喷淋管道支、吊架与泡沫喷头之间的距离不能小于 0.3m，与末端泡沫喷头之间的距离不能大于 0.5m。

6. 管道的水压试验。

管道安装完毕后，要进行水压试验。试验要采用清水进行，试验时，环境温度不能低于 5℃，当环境温度低于 5℃ 时，要采取防冻措施，试验压力为设计压力的 1.5 倍。

试验前需要将泡沫产生装置、泡沫比例混合装置隔离。试验时，管道充满水，排净空气，用试压装置缓慢升压，当压力升至试验压力后，稳压 10min，管道不能有损坏和变形，然后再将试验压力降至设计压力，稳压 30min，压力不下降，且无渗漏，则视为合格。

7. 管道的冲洗。

管道试压合格后，需要用清水冲洗，冲洗时采用最大设计流量，水流速度不低于 1.5m/s，以排出水色和透明度与入口水目测一致为合格。冲洗合格后，不能再进行影响管内清洁的其他施工。地上管道在试压、冲洗合格后需要进行涂漆防腐。

（四）泡沫产生装置的安装

1. 低倍数泡沫产生器的安装。

对于固定顶储罐与内浮顶储罐，立式泡沫产生器要垂直安装在储罐罐壁顶部。不同生产商生产的立式泡沫产生器外形不尽相同，密封结构也不一样，给设计、安装、维修更换带来不便。立式泡沫产生器不是高技术产品，也不存在知识产权限制，为方便安装与维修更换，宜统一规格。依据某公司产品规格与《板式平焊钢制管法兰》HG 20593—97（欧洲体系），绘制了公称压力1.6MPa立式泡沫产生器安装图（图10-1）和对应安装尺寸表及进出口法兰规格参数（表10-1~表10-3），供参考。表10-2和表10-3中管道外径与法兰内径两栏中A表示焊接钢管、B表示无缝钢管。

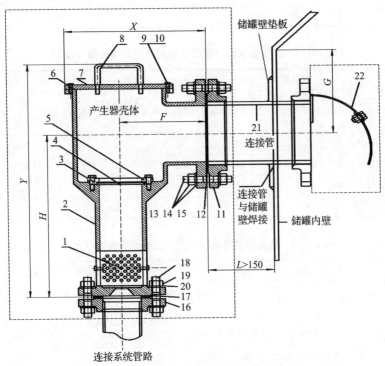

图 10 - 1 固定顶储罐立式泡沫产生器安装图

1—吸气罩；2—壳体；3—压板密封圈；4—玻璃；

5—压板；6—顶盖密封圈；7—顶盖；8—顶盖提手；9—螺栓；

10—平垫圈；11—产生器出口法兰；12—法兰垫片；13—双头螺栓；

14—六角螺母；15—垫片；16—产生器进口法兰；17—法兰垫片；

18—双头螺栓；19—六角螺母；20—平垫圈；21—连接管；22—导流罩

209

表 10-1　立式泡沫产生器安装尺寸（mm）

型号	Y （高）	X （宽）	Z （最大处直径）	F （中心宽度）	H （中心高度）	G （罐顶距出液口中心）
PCL4	410	219	200	132.5	265	200
PCL8	500	225	220	132.5	340	210
PCL16	615	325	285	200	430	242
PCL24	665	328	340	203	455	270

表 10-2　产生器混合液进口配管与法兰尺寸参数（mm）

型号	公称通径	管道外径		法兰内径		法兰外径	法兰厚度	螺栓孔			螺纹
		A	B	A	B			中心圆直径	孔径	孔数	
PCL4	50	60.3	57	61.5	59	165	20	125	18	4	M16
PCL8	65	76.1	76	77.5	78	185	20	145	18	4	M16
PCL16	80	88.9	89	90.5	91	200	20	160	18	8	M16
PCL24	100	114.3	108	116	110	220	22	180	18	8	M16

表 10-3　产生器泡沫出口配用法兰和配管参数（mm）

型号	公称通径	管道外径		法兰内径		法兰外径	法兰厚度	螺栓孔			螺纹
		A	B	A	B			中心圆直径	孔径	孔数	
PCL4	80	88.9	89	90.5	91	200	20	160	18	8	M16
PCL8	100	114.3	108	116	110	220	22	180	18	8	M16
PCL16	150	168.3	159	170.5	161	285	24	240	22	8	M20
PCL24	200	219.1	219	221.5	222	340	26	295	22	12	M20

　　对于非水溶性甲、乙、丙类液体的固定顶储罐及按固定顶储罐对待的内浮顶储罐，在储罐内安装正常配备的弧形挡板即可。

210

对于钢制单双盘式内浮顶储罐，储存水溶性甲、乙、丙类液体的固定顶储罐及按固定顶储罐对待的内浮顶储罐，需安装图7－10所示的泡沫缓释罩。

产生器应垂直安装在储罐壁上部，不适宜安装在储罐顶部。弧形挡板或泡沫缓释罩应朝下，不应侧装。安装产生器时应先在储罐壁上开孔，储罐上部要留有足够的空间。对于固定顶储罐及按固定顶储罐对待的内浮顶储罐，为使泡沫释放到储罐内能形成一定厚度的泡沫层，同时防止储罐内所储液体从产生器口流出，产生器出口要高于储罐储存液面线或浮盘顶面200mm以上。

泡沫产生器安装步骤如下：

（1）安装弧形挡板或泡沫缓释罩及连接管组件：

储罐壁上开孔后，将连接管与储罐壁垫板焊接在罐壁上，并焊上连接管出口端法兰（注意法兰孔位应与泡沫产生器孔位相一致），然后将两个螺栓穿入连接管出口端法兰孔内，装入弧形挡板或泡沫缓释罩，加上平垫，用螺母压紧。

（2）将产生器出口端与连接管进行法兰连接。

（3）将产生器进口端通过法兰与管壁上泡沫混合液立管连接起来。

（4）对于采用玻璃密封的，其密封玻璃应在泡沫系统调试后再安装，每使用一次或其他原因造成密封玻璃损坏，应及时更换。

对于外浮顶储罐，建议安装与泡沫导流罩相匹配的专用立式泡沫产生器。相关生产商应积极生产泡沫导流罩及专用立式泡沫产生器。当采用一般立式泡沫产生器时，泡沫导流罩上应预先焊接泡沫短管与连接泡沫产生器的法兰，在罐壁顶部安装好泡沫导流罩后，拆下泡沫产生器的密封，再连接泡沫产生器。

另外需要注意的是泡沫产生器或泡沫导流罩沿罐周均匀布置时，其间距偏差一般不大于100mm。

用于液下及半液下喷射系统的高背压泡沫产生器要水平安装

在防火堤外的泡沫混合液管道上。当一个储罐所需的高背压泡沫产生器并联安装时，需要将其并列固定在支架上。在高背压泡沫产生器进口侧设置的压力表接口要竖直安装；其出口侧设置的压力表、背压调节阀和泡沫取样口的安装尺寸要符合设计要求。环境温度为0℃及以下的地区，背压调节阀和泡沫取样口上的控制阀需选用钢质阀门。

2. 高倍数泡沫产生器的安装。

高倍数泡沫产生器要安装在泡沫淹没深度之上，尽量靠近保护对象，但不能受到爆炸或火焰的影响。同时，安装要保证易于在防护区内形成均匀的泡沫覆盖层。

高倍数泡沫产生器要整体安装，不得拆卸。另外，高倍数泡沫产生器的风叶由动力源驱动高速旋转，若固定不牢会产生振动和移位。因此，高倍数泡沫产生器需牢固地安装在建筑物、构筑物上。

高倍数泡沫产生器是由动力驱动风叶转动鼓风，使大量的气流由进气端进入产生器，故在距进气端的一定范围内不能有影响气流进入的遮挡物。一般情况下，要保证距高倍数泡沫产生器的进气端小于或等于0.3m处没有遮挡物。另外，在高倍数泡沫产生器的发泡网前小于或等于1.0m处，不能有影响泡沫喷放的障碍物。

3. 泡沫喷头的安装。

泡沫喷头在系统试压、冲洗合格后才能进行安装，这主要是因为泡沫喷头的孔径较小，若系统管道冲洗不干净，异物容易堵塞喷头，影响泡沫灭火效果。

泡沫喷头安装时不要拆卸或损坏其喷头上的附件，并且安装要牢固、规整。

顶部安装的泡沫喷头要安装在被保护物的上部，其坐标的允许偏差，室外安装为15mm，室内安装为10mm，标高的允许偏差，室外安装为±15mm，室内安装为±10mm。侧向安装的泡沫喷头要安装在被保护物的侧面并对准被保护物体，其距离允许偏差为20mm。地下安装的泡沫喷头要安装在被保护物的下方，在未喷射泡沫时，其顶部要低于地面 10 ~ 15mm，以免影响地面作业。

（五）泡沫消火栓的安装

室外泡沫混合液管道上设置的泡沫消火栓的规格、型号、数量、位置、安装方式、间距要符合设计要求。泡沫消火栓的大口径出液口要朝向消防车道，以便于消防车或其他移动式的消防设备吸液口的安装。

室内泡沫消火栓的栓口方向宜向下或与设置泡沫消火栓的墙面成90°，栓口离地面或操作基面的高度一般为 1.1m，允许偏差为 ±20mm，坐标的允许偏差为 20mm。

（六）阀门的安装

泡沫系统采用的阀门有手动、电动、气动和液动阀门，后三种多用于大口径管道，或遥控和自动控制上，它们各自都有标准，安装时需要符合相关标准的要求。下面主要介绍泡沫系统的一些特殊要求。

连接泡沫产生装置的泡沫混合液管道上的控制阀要安装在防火堤外压力表接口外侧，并有明显的启闭标志；泡沫混合液管道设置在地上时，控制阀的安装高度一般控制在 1.1 ~ 1.5m；当环境温度为 0℃ 及以下的地区采用铸铁控制阀时，若管道设置在地上，铸铁控制阀要安装在立管上；若管道埋地或在地沟内设置，铸铁控制阀要安装在阀门井内或地沟内，并需要采取防冻措施。

液下喷射和半液下喷射泡沫系统泡沫管道进储罐处设置的钢质明杆闸阀和止回阀需要水平安装，其止回阀上标注的方向要与泡沫的流动方向一致，否则泡沫不能进入储罐内，反而储罐内的介质可能会倒流入管道内，造成更大事故。

高倍数泡沫产生器进口端泡沫混合液管道上设置的压力表、管道过滤器、控制阀一般要安装在水平支管上。

当储罐区固定式泡沫系统同时又具备半固定系统功能时，需要在防火堤外泡沫混合液管道上安装带控制阀和带闷盖的管牙接口，以便于消防车或其他移动式的消防设备与储罐区固定的泡沫灭火设备相连。

泡沫混合液立管上设置的控制阀，其安装高度一般在 1.1 ~ 1.5m 之间，并需要设置明显的启闭标志；当控制阀的安装高度大于 1.8m 时，需要设置操作平台或操作凳。

系统管道上的放空阀要安装在最低处，以利于最大限度排空管道内的液体。

二、系统调试

系统调试一般按先组件后系统的顺序进行，先对各系统组件进行单独调试，调试合格后，再进行系统功能调试。

(一) 系统组件调试

1. 泡沫比例混合装置的调试。

泡沫比例混合装置要保证在实际运行条件下混合比满足设计要求。因此，其调试需要与系统喷泡沫试验同时进行。任何情况下，实测混合比不应小于额定值。对于 3% 型泡沫液，依据国家标准《泡沫灭火系统及部件通用技术条件》GB 20031—2005 的规定，其混合比应在 3% ~ 3.9% 之间，对于具体工程而言，执行其标准是优先考虑的，但当一套泡沫系统保护多个不同容量的储罐、不同面积或不同规模的防护区时，完全满足其标准规定可能存在困难。在此情况下，只要混合比不小于额定值，并且按照实际混合比储存泡沫液，就无需拘泥上述标准规定，业主与设计人员也应充分考虑到这一点，不应只按混合比为 3% 储存泡沫液。测量混合比有多种方法，一般可用流量计测量，另外，对于氟蛋白等折射指数高的泡沫液可用手持折射仪测量，对于水成膜、抗溶水成膜等折射指数低的泡沫液可用手持导电度测量仪测量。

2. 泡沫产生装置的调试。

泡沫产生装置单独调试时，一般只进行喷水试验即可，主要看其工作压力等参数是否满足要求，具体的喷泡沫试验在系统调试时进行。

低倍数泡沫产生器、中倍数泡沫产生器进行喷水试验时，其进口压力要符合设计要求。高倍数泡沫产生器调试时，要分别对每个防护区内的全部产生器同时进行喷水试验，记录每台产生器进口端压力表的读数，计算其平均值，该值不应小于系统的设计值。调试中还需观察每台高倍数泡沫产生器发泡网的喷水状态，如出现异常现象应由有经验的专业人员处理，一般不应任意拆卸产生器。

泡沫枪进行喷水试验时，其进口压力和射程要符合设计要求。

泡沫喷头进行喷水试验时，其防护区内任意四个相邻喷头组成的四边形保护面积内的平均供给强度要不小于设计值。一般试验时，选择最不利防护区的最不利点四个相邻喷头，用压力表测量后进行计算。

3. 泡沫消火栓的调试。

泡沫消火栓要进行喷水试验，其出口压力要符合设计要求。

(二) 系统功能测试

系统功能测试时，先进行喷水试验，喷水试验合格后，再进行喷泡沫试验。先进行喷水试验，可提前发现系统存在问题，有效减少喷泡沫试验的次数，节省试验成本。

喷水试验主要检测系统的流量、响应时间、各部件的工作压力等是否满足要求。当系统为手动灭火系统时，要选择最远的防护区或储罐，进行一次喷水试验；当系统为自动灭火系统时，要选择所需泡沫混合液流量最大和最远的两个防护区或储罐，以手动和自动控制的方式各进行一次喷水试验。喷水试验时，系统的流量、泡沫产生装置的工作压力、比例混合装置的工作压力、系统的响应时间要达到设计要求。

215

喷泡沫试验要全面检测系统性能，除流量、压力、响应时间等参数外，还需检测发泡倍数、混合比等参数。

对于低、中倍数泡沫系统，选择最远的防护区或储罐，进行一次喷泡沫试验，当系统为自动灭火系统时，要以自动控制的方式进行试验。试验时，为了能够真实测出发泡倍数和混合比，喷射泡沫的时间不能太短，一般不小于1min。实测泡沫混合液的流量、发泡倍数及到达最远防护区或储罐的时间要符合设计要求，混合比不能低于所选泡沫液的混合比。

对于高倍数泡沫系统，对每个防护区，以手动或自动控制的方式对防护区进行喷泡沫试验，喷射泡沫的时间不小于30s，实测泡沫供给速率及自接到火灾模拟信号至开始喷泡沫的时间符合设计要求，混合比不能低于所选泡沫液的混合比。泡沫供给速率可通过记录各高倍数泡沫产生器进口端压力表读数，用秒表测量喷射泡沫的时间，然后按制造厂给出的曲线查出对应的发泡量，经计算得出。

对于泡沫–水雨淋系统，要选择最远防护区，以手动或自动控制的方式进行一次喷泡沫试验，喷洒稳定后的喷泡沫时间不小于1min。实测泡沫混合液发泡倍数及自接到火灾模拟信号至开始喷泡沫的时间要符合设计要求，混合比不能低于所选泡沫液的混合比。

对于闭式泡沫–水喷淋系统，要以手动方式分别进行最大流量和8L/s流量的喷泡沫试验，按8L/s流量进行试验时应选择最远端试水装置进行，喷洒稳定后的喷泡沫时间不宜小于1min。实测自系统手动启动至开始喷泡沫的时间要符合设计要求，混合比不能低于所选泡沫液的混合比。

第三节　系　统　验　收

泡沫系统竣工后，要由建设单位组织设计、施工、监理单位进行工程验收，验收不合格者不能投入使用。系统验收主要包括施工质量验收和系统功能验收。

一、施工质量验收

泡沫系统的施工质量验收需要对系统的各组件进行检查，看其是否达到了施工质量要求。各组件的主要验收内容如下：

对于泡沫液储罐、泡沫比例混合器（装置）、泡沫产生装置、消防泵、泡沫消火栓、阀门、压力表、管道过滤器、金属软管等系统组件，主要检查其规格、型号、数量、安装位置及安装质量。

对于管道及管件，主要检查其规格、型号、位置、坡向、坡度、连接方式及安装质量。

对于固定管道的支、吊架及管墩，主要检查其位置、间距及牢固程度。

对于管道穿越防火堤、楼板、防火墙及变形缝的处理，主要检查套管尺寸和空隙的填充材料，以及管道穿越变形缝时采取的保护措施。

对于管道和系统组件的防腐，主要检查涂料的种类、颜色、涂层的质量及防腐层的层数、厚度等。

对于消防泵房，主要查看消防泵房的位置及耐火等级；对于水源，主要查看水池或水罐的容量及补水设施，天然水源水质和枯水期最低水位时确保用水量的措施。

对于动力源、备用动力，主要检查电源的负荷级别，备用动力的容量，同时要进行动力源和备用动力的切换试验。对于电气设备，主要检查规格、型号、数量及安装质量。

二、功能验收

泡沫系统功能验收是整个系统验收的核心，施工质量验收是为系统功能的验收服务的，只有功能验收全部合格，才能视为系统验收合格。功能验收主要是进行喷泡沫试验，喷泡沫试验的程序和是否合格的判定与系统调试时的喷泡沫试验相同，只是在系统选择上有所不同，验收试验要求任选一个防火区或储罐进行一次试验，试验合格即可，具体试验内容见本章第二节的介绍，在此不再赘述。

泡沫系统验收不合格时，需要整改并重新验收。验收合格后，施工或调试单位应用清水把系统冲洗干净并放空，将系统恢复至正常状态。

第四节　系统维护管理

泡沫系统在火灾时能否按设计要求投入使用，要由平时的定期检查、试验和维修来保证。泡沫系统的使用或管理单位要由经过专门培训的人员负责系统的维护和管理，维护管理人员需要熟悉泡沫系统的原理、性能和操作维护规程。

泡沫系统一般按周、月、季度、年等时间间隔进行检查和维护，每个时间段都有特定的维护管理项目，下面对此进行介绍。

每周需要检查的项目主要有：对电动消防泵进行一次启动试验，确保其电气设备工作状况良好；对柴油机储油箱的储油量进行检查，储油量要满足设计要求。另外，每两周要对氮封储罐泡沫产生器的密封处进行检查，发现泄漏时及时更换密封。

每月需要检查的项目主要有：手动启动柴油机消防水泵运行一次，启动运行时间不宜少于3min，确保柴油机能够顺利启动并正常运行；对泡沫产生装置、泡沫比例混合装置、泡沫液储罐、泡沫消火栓、阀门、压力表等系统组件进行外观检查，确保其完好无损；对泡沫消火栓、泡沫消火栓箱和阀门进行启闭检查，确保启闭自如；对遥控功能或自动控制设施及操纵机构进行检查，性能要符合设计要求；对保证消防用水不作它用的措施进行检查，发现故障应及时处理；对消防水泵接合器的接口及附件进行检查，保证接口完好、无渗漏、闷盖齐全；对电磁阀、电动阀、气动阀、安全阀、平衡阀进行检查并作启动试验，动作失常时及时更换；对雨淋阀进口侧和控制腔的压力表、系统侧的自动排水设施进行检查，发现故障及时处理；对于平时充有泡沫液的管道进行渗漏检查，发现泄漏及时处理。

每个季度需要检查的项目主要有：检测消防水泵的流量和压力，确保其符合设计要求；对各种阀门进行一次润滑保养。

每半年的检查项目主要有：对系统管道进行冲洗，清除锈渣，但对于液下喷射防火堤内泡沫管道和高倍数泡沫产生器进口端控制阀后的管道可以不冲洗，另外，对于储罐上的低倍数泡沫混合液立管也可不冲洗，但要清除锈渣；对管道过滤器滤网进行清洗，发现锈蚀及时更换；对压力式比例混合装置的胶囊进行检查，发现破损及时更换。

每两年要对系统进行喷泡沫试验，并对所有组件进行全面检查。泡沫系统喷射泡沫试验，原则上应按统调试时的有关内容和要求进行，但考虑到低、中倍数泡沫系统喷射泡沫试验涉及的问题较多，一般不能直接向防护区或储罐内喷射泡沫，为了避免拆卸有关管道和泡沫产生装置，使用单位可结合本单位的实验情况进行试验。例如利用防护区或储罐检修时，选择某个防护区或储罐进行试验，或者利用泡沫混合液管道上的消火栓，接上水带、泡沫枪进行试验。对于高倍数泡沫系统，一般能够在防护区内进行喷泡沫试验。

系统检查和试验完成后，一定要对试验时用过的设备、管道及附件用清水进行彻底冲洗并放空，恢复系统至正常状态。

参 考 文 献

［1］田春荣.2014 年中国石油和天然气进出口状况分析. 国际石油经济，2015，(3)：57 - 67.

［2］国家统计局能源统计司. 中国能源统计年鉴 2014. 北京：中国统计出版社，2015.

［3］熊云. 储运油料学. 北京：中国石化出版社，2014.

［4］邢其毅，裴伟伟，徐瑞秋等. 基础有机化学（第三版）. 北京：高等教育出版社，2005.

［5］苏联. 钢筋混凝土油罐中的石油及石油产品燃烧及其扑救.

［6］天津消防研究所. 原油储罐火灾油层热波特性的研究. 1981.

［7］孙景群. 大气电学基础. 北京：气象出版社，1987.

［8］郄秀书，张其林，袁铁等. 雷电物理学. 北京：科学出版社，2013.

［9］谭凤贵. 对大型储油罐雷击事故的思考（会议交流材料）. 2007.

［10］API RP 545 - 2009. Recommended Practice for Lightning Protection of Aboveground Storage Tanks for Flammable or Combustible Liquids.

［11］NFPA 780 - 2014. Standard for the Installation of Lightning Protection Systems.

［12］约翰 L. 布莱恩［美］. 火灾探测系统与灭火系统. 冯绍全，唐祝华，译. 北京：群众出版社，1988.

［13］刘军. "灭火剂"讲义（内部资料）. 1996.

［14］中国科学院上海有机化学研究所等．"6201"氟碳表面活性剂扩大试制报告．有机化学，1976（4）：9－19.

［15］公安部天津消防研究所．YEGZ型高倍数泡沫灭火剂研究报告（内部资料）．

［16］公安部天津消防研究．YEGZ6C型高倍数泡沫灭火剂研究报告（内部资料）．

［17］公安部天津消防研究所．YEGZ36D型耐海水高倍数泡沫灭火剂研究报告（内部资料）．

［18］公安部天津消防研究所．YEGB型高倍数泡沫灭火剂研究报告（内部资料）．

［19］公安部天津消防研究所．YEGZG—1耐温耐烟型高倍数泡沫灭火剂研究报告（内部资料）．

［20］公安部天津消防研究所等．泡沫灭火剂（GB 15308—2006）．北京：中国标准出版社，2007.

［21］秘义行，智会强，周在云等．低倍数泡沫灭火系统若干问题探究．消防科学与技术，2015，34（5）：600－603.

［22］ISO7203. Fire Extinguishing Media － Foam Concentrates.

［23］秘义行．论几种泡沫比例混合装置之短长．消防技术与产品信息，2000，（12）：11－14.

［24］张学魁．建筑灭火设施．北京：中国人民公安大学出版社，2004.

［25］中国消防器材公司．消防产品型号编制方法（GN11—1982）．

［26］公安部天津消防研究所等．泡沫灭火系统及部件通用技术条件（GB 20031—2005）．北京：中国标准出版社，2006.

［27］空气泡沫灭火试验协作组．关于空气泡沫灭五千立米油罐火灾的试验报告．1974.

［28］石油火灾灭火试验课题组．5000m^{3}浮顶油罐固定式泡沫室灭火试验试验报告．1988.

［29］天津消防科学研究所.五千立方米汽油罐氟蛋白泡沫液下喷射灭火系统中间试验报告.1976.

［30］天津消防科学研究所.5000立方米原油储罐氟蛋白泡沫液下喷射灭火系统研究报告.1979.

［31］石油火灾灭火试验课题组.100m³汽油罐全油层氟蛋白泡沫液下喷射灭火试验试验报告.1988.

［32］岩田熊策,古積博.在秋田县男鹿市进行的原油燃烧试验.消研辑报第52号,1999：19-20.

［33］安全工学协会.石油燃烧试验报告书.1981.

［34］秘义行.谈浮顶储罐泡沫灭火系统设计.消防科学与技术,2000,(1)：29-31.

［35］秘义行.论固定顶储罐液上喷射泡沫系统泡沫产生器设置数量.消防科学与技术,2000,(3)：50-51.

［36］中华人民共和国公安部.低倍数泡沫灭火系统设计规范（GB 50151—92）.北京：中国计划出版社,1992.

［37］中华人民共和国公安部.泡沫灭火系统设计规范（GB 50151—2010）.北京：中国计划出版社,2011.

［38］中国石油化工总公司.石油化工企业设计防火规范（GB 50160—92）.北京：中国计划出版社,1993.

［39］中国石油天然气总公司.原油与天然气工程设计防火规范（GB 50183—93）.北京：中国计划出版社,1993.

［40］中国石油化工集团公司.石油库设计规范（GB 50074—2002）.北京：中国计划出版社,2003.

［41］公安部天津消防研究所等.七氟丙烷泡沫灭火系统技术规程（CECS 394—2015）.北京：中国计划出版社,2015.

［42］NFPA 11 - 1978. Standard for Low Expansion Foam Extinguishing Systems.

［43］NFPA11 - 1983. Standard for Low Expansion Foam and Combined Agent Systems.

［44］ NFPA16 - 1980. Standard on Deluge Foam - Water Sprinkler and Foam - Water Spray Systems.

［45］ NFPA16A - 1983. Recommended Practice for the Installation of Closed - Head Foam - Water Sprinkler Systems.

［46］ NFPA16 - 1999. Standard for the Installation of Foam - Water Sprinkler and Foam - Water Spray Systems.

［47］ NFPA16 - 2015. Standard for the Installation of Foam - Water Sprinkler and Foam - Water Spray Systems.

［48］ NFPA11A - 1999. Standard for Medium and High - Expansion Foam Systems.

［49］ NFPA11 - 2002. Standard for Low - , Medium - , and High - Expansion Foam Systems.

［50］ NFPA11 - 2005. Standard for Low - , Medium - , and High - Expansion Foam.

［51］ BS EN 13565 - 2: 2009. Fixed Firefighting Systems - Foam Systems Part 2: Design, Construction and Maintenance.

［52］ 中华人民共和国公安部. 高倍数、中倍数灭火系统设计规范（GB 50196—93）. 北京: 中国计划出版社, 1994.

［53］ NFPA59A. Standard for the Production, Storage, and Handling of Liquefied Natural Gas（LNG）.

［54］ BS EN1473. Installation and Equipment for Liquefied Natural Gas—Design of Onshore installations.

［55］ 中华人民共和国公安部. 泡沫灭火系统施工及验收规范（GB 50281—2006）. 北京: 中国计划出版社, 2006.